Le Mythe climatique

Du même auteur

Aux éditions Le Pommier

La Géométrie classique, *2000*
Espaces et dimensions, *2002*
Hasard et probabilités, *2002*
Faut-il avoir peur des maths ?, *2003*
L'Assassin des échecs, *2004*
Qu'est-ce qu'un nombre ?, *2005*
Le Fabuleux Destin de $\sqrt{2}$, *2006*
Voyage au pays des nombres, *2007*
Les Mystères du hasard, *2008*
Les Nombres extraordinaires, *2009*
La Géométrie ou le Nombre des formes, *2009*

Aux éditions Le Cavalier Bleu

Les Mathématiques, *2008*

Benoît RITTAUD

Le Mythe climatique

ÉDITIONS DU SEUIL
*27, rue Jacob, Paris VIe*

ISBN : 978-2-02-101132-6

www.editionsduseuil.fr

Avant-propos

Dans une tribune publiée le 28 juin 2009 dans le *New York Times*, Paul Krugman, prix Nobel d'économie 2008, écrivait que nier la crise climatique était « une forme de trahison contre la planète », à la fois « irresponsable » et « immorale ». Comment donc, ajoutait-il, pardonner à ceux qui refusent de voir la réalité en face et mettent ainsi en danger l'avenir du monde, alors que tous les spécialistes reconnus ne cessent de souligner la gravité du problème ?

Réchauffement climatique. Aussitôt ces mots prononcés, des visions surgissent dans notre esprit. Celle des glaciers qui reculent, à l'image d'une nature qui doit toujours s'effacer devant une espèce humaine trop conquérante. Ne sont-elles pas accablantes, ces photos comparant les vertes vallées alpines d'aujourd'hui à celles, recouvertes de glace, d'il y a quelques décennies à peine ! Pourtant, une fois la première émotion passée, plusieurs questions surgissent. Comment, par exemple, Hannibal aurait-il bien pu franchir les Alpes avec ses éléphants et ses dizaines de milliers de soldats si autant de glace s'y trouvait aussi en 218 avant notre ère ? Comment expliquer cette découverte, en 2005, d'un site archéologique mis au jour par le recul de certains glaciers de la région de Berne, en Suisse, attestant entre autres l'existence d'une voie de circulation régulière entre l'Oberland et le Valais il y a quelques siècles, voie devenue impraticable par la suite en raison de la progression des glaces ? De même, bien qu'Erik le Rouge, au Xe siècle, ait sans doute un peu idéalisé sa description du Groenland nouvellement conquis, les sites archéologiques n'en témoignent pas moins de la présence d'une agriculture permanente jusqu'au XIVe siècle. Quant aux dramatiques événements météorologiques récents, comme l'ouragan Katrina qui a frappé la Louisiane en 2005 ou la canicule de 2003 en Europe de l'Ouest, personne ne peut sérieusement soutenir qu'ils sont davantage que des manifestations de phénomènes hélas récurrents depuis que le monde est monde.

Le livre que vous avez entre les mains soutient le point de vue que la science actuelle ne permet pas d'affirmer l'origine humaine du réchauffement climatique observé au cours d'une partie du XXe siècle. Si je ne conteste pas la réalité de ce réchauffement, j'affirme en revanche, à la suite de nombreux scientifiques de premier plan, que les causes de ce réchauffement sont encore très mal cernées, que rien ne prouve que les émissions humaines de « gaz à effet de serre » y jouent un rôle davantage que secondaire, et enfin que ce réchauffement récent n'est sans doute pas un épisode particulièrement notable de l'histoire climatique de notre planète. Je signale aussi dès à présent cette observation essentielle : le réchauffement dont il est question a été observé au XXe siècle mais ne s'observe pas, pour l'instant, au XXIe. Les outils utilisés pour déterminer la température globale ne montrent en effet plus aucune tendance au réchauffement depuis environ l'année 2001.

Contrairement à bien des discours sur le climat, cet ouvrage ne prend pas parti sur ces autres sujets que sont la production d'énergie, l'exploitation des ressources naturelles ou encore la pollution. Non pas, bien sûr, qu'il s'agisse là de considérations de peu d'intérêt, mais la question climatique me semble suffisamment complexe et importante pour ne pas la diluer dans d'autres, tout aussi délicates. Parce que la question de l'évolution du climat est d'abord affaire de science, cet ouvrage ne s'occupe pas non plus de ses dimensions sociologiques, politiques, diplomatiques, voire religieuses (pourtant cruciales à beaucoup d'égards). Le seul point de vue résolument politique soutenu dans cet ouvrage est le suivant : nous avons intérêt à cesser de consacrer temps, argent et matière grise à ce faux problème du réchauffement climatique.

Malgré cette mise au point, je ne puis ignorer qu'aujourd'hui, en me montrant sceptique sur la « crise climatique », je me fais l'allié objectif d'opinions politiques sans rapport avec le climat. C'est pourquoi il m'aurait été incomparablement plus confortable de partager la position actuellement dominante sur le sujet. J'aurais aimé faire partie de ceux qui « tentent d'éveiller les consciences », être aux côtés d'experts portant courageusement le flambeau de la science face à la médiocrité et à l'égoïsme humain. Malheureusement pour mon confort intellectuel, la pertinence d'une opinion sur un sujet scientifique n'est pas proportionnelle à la sympathie que j'éprouve pour l'idéologie de certains de ses défenseurs. Jean Rostand a particulièrement bien souligné ce type de tension lorsqu'il écrivait en 1956 que « rappeler cette triste aventure [...] n'est pas pour le plaisir [d']attaquer – sous un prétexte scientifique – une conception sociale que nous tenons pour éminemment respectable et à laquelle nous serions près de nous rallier » si, expliquait-il, elle ne se faisait pas le complice de l'affaire Lyssenko, qui occupa l'Union soviétique stalinienne pendant des années avec une improbable « biologie prolétarienne » prétendument fondée sur l'idéologie marxiste. Je fais miens ces propos de Rostand et, comme lui peut-être à l'époque pour l'affaire Lyssenko, je me désole que le contexte autour de la question du réchauffement climatique me contraigne à une telle mise au point. Je me désole aussi que certains scientifiques n'aient pas fait leurs les avertissements de Max Weber qui, dès 1919, écrivait que « chaque fois qu'un homme de science fait intervenir son propre jugement de valeur, il n'y a plus compréhension intégrale des faits ».

Même en en restant à la seule science, la question du climat est si complexe qu'il est impossible de prétendre la traiter complètement. Voilà pourquoi l'ouvrage limite son analyse à deux types de considérations. Le premier relève d'une discipline dont le rôle dans l'affaire est essentiel : les mathématiques. Mathématicien professionnel versé dans la vulgarisation de cette discipline, j'ai tâché autant que possible de ne pas me perdre dans la jungle des chiffres et des courbes, pour faire en sorte que même les lecteurs les moins avertis soient en mesure de comprendre de quoi il retourne[1]. Le grand intérêt de l'angle

1. Les chapitres du livre étant construits indépendamment les uns des autres, le lecteur pourra sauter sans inconvénient les passages qui lui paraîtraient trop techniques.

mathématique est qu'il permet de présenter certaines controverses de manière assez complète – une possibilité plutôt rare dans le domaine des sciences du climat, où tant de phénomènes sont susceptibles d'influer sur tant d'autres.

L'autre angle de cet ouvrage est épistémologique. L'affaire du réchauffement climatique d'origine humaine fournit un exemple du plus haut intérêt pour étudier la façon dont la science évolue, et il est curieux que, pour ce que j'en sais, aucun épistémologue n'ait encore retenu l'idée de s'y intéresser avec tout le recul que permet cette discipline. Même si, bien sûr, des arguments techniques précis sont indispensables pour venir à bout de la théorie en vogue, il me paraît que l'épistémologie peut aussi jouer un rôle décisif.

Même limités à ces deux aspects, mathématique et épistémologique, l'ouvrage ne saurait prétendre, et de loin, à l'exhaustivité dans l'un ou l'autre. Il ne prend pas non plus parti pour une explication alternative quant à l'origine des évolutions actuelles du climat. Son auteur n'est pas un meilleur spécialiste que les climatologues – toutefois, si un pilote professionnel s'affirmait capable d'aller sur la Lune avec un avion de ligne, chacun serait fondé à se montrer sceptique, y compris ceux qui n'ont jamais piloté un avion. Je ne prétends pas être dans une autre position vis-à-vis des climatologues qui s'affirment aujourd'hui capables de prévoir le climat à l'horizon d'un siècle.

Pour finir, je n'ai pas, et n'ai jamais eu, d'intérêt professionnel d'aucune sorte lié à la réalité ou à la non-réalité de l'origine humaine du réchauffement climatique – même si cela ne garantit évidemment pas que les pages qui suivent soient exemptes de partialité. Cet ouvrage ne porte aucune accusation de malhonnêteté ou de malveillance envers quiconque. Ceux qui viendraient y chercher de petites phrases provocatrices, des théories du complot ou de grands élans d'indignation polémique seront, je le souhaite, déçus. J'espère en revanche qu'aux lecteurs qui sont disposés à réfléchir de manière non passionnelle, à ceux pour qui en science il n'est pas de questionnement interdit, à ceux qui ne sacrifient pas à l'esprit du temps la réflexion raisonnée, j'espère qu'à ces lecteurs-là le présent ouvrage apportera quelque chose. Le spectacle d'une éruption volcanique est splendide malgré les drames qu'il occasionne ; de même, cette étrange phobie climatique, bien que dangereuse, est un objet d'étude extraordinaire. Je fais le pari que, dans quelques décennies tout au plus, elle sera bien souvent citée comme un cas d'école de ces erreurs qui jalonnent l'histoire des sciences et nous rappellent que, pour le meilleur comme pour le pire, la science est une aventure profondément humaine.

PROLOGUE

Une tragédie planétaire

> Ainsi, il s'agit bien d'un mythe, […]
> c'est-à-dire un récit imaginaire, organisé
> et cohérent selon une logique psycho-affective,
> qui prétend se fonder en réalité et en vérité.
>
> Edgar Morin, *La Rumeur d'Orléans*, 1969

Lecteur, avant d'entrer dans le vif du sujet, je voudrais partager avec vous un épisode peu connu de l'histoire des sciences. Même si celui-ci ne prouve rien par lui-même, son déroulement aussi bien que son dénouement ne devraient pas vous laisser indifférent.

Or donc, en cette fin de siècle, quelques chercheurs remarquent un phénomène tout à fait inattendu. D'abord prudents bien qu'intrigués, ils se mettent en devoir d'en donner une explication. Cela ne va pas de soi. Jamais une chose comparable n'a été observée auparavant. Si, comme toujours en science, on peut citer certains précurseurs qui, quelques années plus tôt, ont déjà commencé à suivre la piste, seules des conditions de travail optimales seraient en mesure de confirmer ces anticipations. Pour tirer au clair cette affaire qui pourrait se révéler d'une importance considérable, de nouveaux instruments d'observation sont mis en place, avec de gros moyens. Des outils modernes, à la hauteur de l'enjeu, voient le jour.

Et bientôt, les résultats tombent. Non seulement les observations initiales sont validées, mais leurs implications sont d'une ampleur à couper le souffle. Solidement étayée par des confirmations de plus en plus nombreuses venues de scientifiques du monde entier, la réalité du phénomène ne fait bientôt plus aucun doute. Complètes, structurées, incontestables dans leurs grandes lignes mais aussi d'un grand raffinement dans certains de leurs détails les plus pointus, les explications données par ces chercheurs honnêtes et compétents indiquent sans équivoque que le regard de toute l'humanité sur elle-même va changer de façon irrémédiable. Le monde doit être informé sans délai de cette nouvelle d'importance capitale : une tragédie silencieuse à l'échelle planétaire a commencé, causée par de dramatiques changements climatiques. Les sécheresses détruisent les récoltes, les ressources viennent à manquer, aucune région ne semble à l'abri, et cette lente agonie est probablement irréversible. La glace des pôles aussi bien que les analyses atmosphériques annoncent le pire. Malgré sa prodigieuse technologie, ce monde serait-il condamné à l'extinction ? De toute évidence, les seuls remèdes à la hauteur de l'enjeu sont une solidarité sans faille conjuguée à des efforts herculéens. Et encore, sans doute tout cela ne peut-il que retarder l'inévitable…

L'histoire est tragique et belle. Elle capte l'attention des foules, et elle ne manque pas de représentants pour souligner les leçons qu'elle nous enseigne. Que n'ôtons-nous enfin nos œillères, que ne dépassons-nous nos égoïsmes pour fonder sans plus tarder une société plus juste et plus solidaire !

Tandis que les recherches scientifiques se poursuivent, les journaux du monde entier en rapportent les progrès, non sans effets de style. Le nouveau siècle voit les travaux des chercheurs du domaine se diffuser toujours plus largement. Les livres de vulgarisation sur le sujet fleurissent en librairie, tandis que des scénaristes de talent l'exploitent comme matériau de base pour d'angoissantes histoires de fin du monde qui font la joie du public. Une nouvelle culture s'ébauche, des interrogations d'un nouveau type se posent. Personne ne peut s'y montrer indifférent.

C'est alors que des voix discordantes, initialement discrètes et quelque peu étouffées, tentent se faire entendre. Dès le début, certains chercheurs ont manifesté leur scepticisme devant les annonces de leurs collègues. Mais leur opinion a contre elle d'être trop pondérée, et de nature à briser l'élan et l'appétit salutaire pour des questions propres à élever notre espèce dans son humanité. Qui sont donc ceux qui prétendent couper les ailes d'un récit aux si incalculables conséquences sur le regard que nous portons sur le monde ? Rares sont les gens extérieurs aux cercles spécialisés qui en entendent seulement les noms. Les journaux, naturellement portés à relater plutôt ce qui sort de l'ordinaire, ne rendent pas, ou peu, compte des objections des sceptiques, dont les compétences de chercheurs sont d'ailleurs sujettes à caution, à en croire certains tenants du discours dominant qui ne cessent par ailleurs de marteler que leurs outils d'investigation sont bien plus fiables que ceux qu'utilisent leurs contradicteurs. Ainsi, en apparence du moins, le consensus des chercheurs les plus qualifiés ne fait aucun doute. Les objections des sceptiques ne recevant pas d'écho, la vaste majorité de la population n'en entend pas même parler.

Pendant que les sceptiques rongent leur frein, l'affaire qui occupe les scientifiques et l'espace médiatique est portée par un Américain qui, ayant renoncé à sa carrière de diplomate, s'investit corps et âme dans la diffusion des révélations les plus stupéfiantes et tragiques, exhortant avec succès ses contemporains à s'y intéresser. Son inlassable prosélytisme et ses conférences font de lui un symbole vivant. Il compte à ses côtés des scientifiques tout ce qu'il y a de sérieux. L'un d'eux se fera connaître par l'emploi d'une technique appelée *dendrochronologie* pour reconstituer les températures terrestres du passé à partir de l'analyse des cernes des arbres.

En France, une personnalité emblématique de la diffusion du savoir auprès du grand public devient la figure de proue des annonces les plus spectaculaires. L'homme sait captiver les foules. Confortablement soutenu par un certain appareil médiatique, fondateur d'une organisation sur fonds privés, tribun enthousiaste et non dénué de compétences, l'opinion voit en lui, dont le rayonnement dépasse les frontières de l'Hexagone, une caution aussi bien scientifique que morale.

Lecteur, vous avez peut-être l'impression jusque-là de bien connaître cette histoire. Son dénouement vous intéresserait-il ? Le voici, tout aussi authentique que ce qui précède.

Bien que, donc, il n'en soit pas question dans la presse, les doutes des sceptiques portent sur plusieurs points cruciaux. Tout d'abord, il est par principe hautement suspect qu'on prétende tirer des conclusions si précises et assurées sur un objet d'étude aussi délicat à appréhender. Ensuite, des analyses atmosphériques complémentaires semblent incompatibles avec ces conclusions. Enfin, il s'avère que diverses mesures censées les corroborer relèvent en réalité d'artefacts.

À mesure que les chercheurs se penchent plus précisément sur les travaux ayant conduit aux grandiloquentes annonces, des défauts de plus en plus manifestes et dérangeants viennent troubler les certitudes. Les instruments de mesure ont beau s'affiner, les choses restent floues, elles semblent même de plus en plus incertaines, au point qu'il devient impossible de s'y retrouver. Progressivement, les doutes gagnent du terrain. Les arguments les mieux assis, les constructions les plus élaborées se dévoilent les unes après les autres pour ce qu'elles sont : des coquilles vides, dont le séduisant vernis ne masque désormais plus les déficiences, qui vont du biais dans les interprétations à l'erreur méthodologique béante autant que coupable. Ces chercheurs à contre-courant, disposant d'outils d'investigation plus fins autant que d'une imagination moins portée sur le moralisme ou l'extravagance romanesque de leurs devanciers, finissent par démolir l'ensemble des arguments de leurs adversaires, dans l'indifférence générale. Quelques années après les premières annonces, il ne reste pas pierre sur pierre du si splendide récit porté par de trop imaginatifs savants de par le monde. Certains d'entre eux s'accrocheront pourtant jusqu'au bout, contre toute évidence, si bien que l'histoire n'est définitivement close que près d'un siècle après son commencement.

Le coup de grâce est porté en 1972. Cette année-là, les clichés pris par la sonde spatiale américaine *Mariner 9* permettent de réaliser la première cartographie générale de la planète Mars, qui invalide définitivement les observations erronées antérieures, ainsi que les tragiques implications qui en découlaient.

Reprenons.

Quand, à la fin du XIXe siècle, les instruments d'observation modernes ainsi que des conjonctions astronomiques favorables rendent plus facile l'étude de la surface martienne, divers observateurs se mettent en devoir de réaliser la cartographie de la planète rouge. Certains croient alors y discerner ce qu'ils baptisent des « canaux » : un réseau de lignes rigoureusement droites zébrant la planète en un gigantesque quadrillage. Parce qu'ils sont trop rectilignes pour être l'œuvre de la nature, l'idée naît que ces canaux sont la preuve de l'existence d'une vie intelligente sur Mars, dont le développement technologique est d'une ampleur si impressionnante qu'il a permis aux êtres peuplant cette planète de la couvrir d'un réseau d'irrigation qui ravale le canal de Suez ou celui de Panamá (d'ailleurs tous deux contemporains de l'affaire des canaux de Mars) au rang de constructions frustes tout juste dignes d'une ère préindustrielle.

Les canaux martiens ne sortent pas de l'imagination du premier venu. Giovanni Schiaparelli, qui fut leur premier observateur, était un scientifique respecté et scrupuleux, directeur de l'Observatoire astronomique de Milan. C'est donc non sans logique que les astronomes vont se pencher avec intérêt sur le phénomène.

Ces canaux seraient-ils le reflet de la démesure de quelque pharaon martien ? La raison proposée par Percival Lowell, un riche Américain initialement diplomate et fondateur d'un observatoire à Flagstaff, en Arizona, est tout autre : cette réalisation gigantesque a pour but d'irriguer une planète dont les conditions climatiques deviennent irrémédiablement impropres à la survie de la civilisation martienne. L'union sacrée des Martiens face à l'adversité s'est imposée comme une nécessité. Ces prodigieux canaux, qui exploitent l'eau fournie par les calottes glaciaires situées aux pôles de la planète, sont la preuve du pouvoir de la volonté et de la solidarité portées à l'échelle mondiale. Par cette réalisation immense au point d'être visible de la Terre, les Martiens nous donnent une irremplaçable leçon d'humanité. Les spectateurs du film *Une vérité qui dérange* (Davis Guggenheim, 2006) n'auront guère de mal à retrouver un sentimentalisme comparable dans la bouche de son principal protagoniste, Al Gore, ancien vice-président des États-Unis. Entre Lowell et Gore, seule a changé la planète supposée victime de changements climatiques majeurs.

La personnalité de Lowell ne peut guère se résumer à celle d'un philanthrope rêveur et amoureux du ciel. Ses comportements autoritaires envers ses collaborateurs semblent avérés. Par exemple, il pousse certains de ses employés à corroborer ses observations suggérant que des canaux sont également visibles à la surface de Vénus. L'un d'eux est Andrew Douglass, qui finira par être renvoyé en raison de ses doutes. Joli clin d'œil de l'Histoire : Douglass est aussi le principal fondateur de la dendrochronologie (il est même l'inventeur du mot), une technique qui a été utilisée par Michael Mann et deux de ses collaborateurs en 1998 pour proposer une reconstruction devenue fameuse de l'évolution des températures terrestres, la « courbe en crosse de hockey », qui suggérait une augmentation brutale et inédite des températures de notre époque et a longtemps été considérée comme une preuve décisive pour accuser nos émissions de gaz à effet de serre d'être responsables de l'évolution actuelle du climat terrestre *(voir chapitre 2)*.

Lowell ne mérite pas que des reproches. Entre autres contributions à l'astronomie, il a initié la traque de la petite planète Pluton, finalement débusquée par Clyde Tombaugh en 1930, à l'observatoire Lowell, seize ans après la mort de son fondateur [1]. Toujours en activité aujourd'hui, l'observatoire Lowell offre un cadre particulièrement propice aux observations astronomiques, grâce à la grande pureté du ciel de l'Arizona. Ainsi donc, pas plus que Schiaparelli, Lowell ne peut être considéré comme un plaisantin un peu trop imprégné de science-fiction. Ce genre littéraire, alors encore à ses débuts, prend d'ailleurs son essor en bonne partie grâce à la thèse des canaux martiens. Les écrits de Lowell inspirent notamment cet ouvrage de référence de la science-fiction qu'est *La Guerre des mondes* d'Herbert Wells (publié en 1898). Sans avoir une originalité comparable, le film *Le Jour d'après* (Roland Emmerich, 2004), qui met en scène une apocalypse imaginaire causée par un brusque bouleversement climatique, a été considéré un temps par une certaine critique comme un possible catalyseur dans l'opinion publique pour une « prise de conscience » de l'« urgence climatique ».

---

1. Le signe astronomique désignant Pluton, fait d'un P et d'un L enlacés, évoque les initiales de Percival Lowell.

Revenons à Mars. En France, le partisan le plus connu de la théorie des canaux s'appelle Camille Flammarion. La contribution à la recherche scientifique proprement dite de ce fondateur de la Société astronomique de France est bien réelle. Mais son œuvre est surtout remarquable par ses travaux de vulgarisation scientifique. Portés par un enthousiasme sans pareil, les écrits de Flammarion, publiés par son frère, fondateur et propriétaire de la maison d'édition éponyme, élèvent la science astronomique au rang d'épopée des temps modernes. Véritable Victor Hugo de la vulgarisation des sciences, Flammarion déploie une formidable énergie littéraire et fait insérer dans ses livres cette innovation considérable : les premières photographies astronomiques.

La gloire de Flammarion est internationale, mais l'élan de sa plume exaltée le conduit souvent à des excès qui font sourire aujourd'hui. Outre que l'on y retrouve un scientisme qui, avec un siècle de recul, nous paraît bien naïf, ses prises de position moralisatrices ne manquent pas de comique. Par exemple, après avoir dénoncé telle pratique de la société de son temps, il explique avec le plus grand sérieux que celle-ci est « certainement inconnue » chez les Vénusiens. Aussi voit-on percer chez Flammarion une tendance qui transparaît largement chez certains acteurs de la vulgarisation scientifique actuelle : porté par un public acquis à sa cause, pétri de bonnes intentions et se faisant une haute idée de sa mission, Flammarion est en ce sens très proche d'un chantre médiatique du réchauffement climatique d'origine humaine comme Nicolas Hulot, dont la notoriété s'est bâtie sur ses émissions télévisées ainsi que sur la fondation qu'il a créée. On peut aussi, et peut-être même plus encore, le rapprocher d'Hubert Reeves, célèbre et talentueux vulgarisateur d'astronomie qui mêle bien souvent à ses irréprochables propos scientifiques diverses considérations toutes personnelles sur la marche du monde[1].

Ainsi donc, malgré la notoriété et le talent de leurs défenseurs,

1. Précisons que les compétences d'astronome professionnel de Reeves ne sauraient être mises en doute, alors que Flammarion est, lui, toujours resté en marge de la science institutionnelle.

les courageux Martiens luttant avec l'énergie du désespoir contre les irréversibles changements climatiques de leur planète ont finalement rejoint la terre creuse, la génération spontanée et l'harmonie des sphères au cimetière des théories mortes. Mais avant de partir, ils nous ont légué un mythe qui n'attendait qu'une occasion pour germer et fleurir à nouveau, sous une forme ou sous une autre. J'insiste sur le fait que, telle que je l'ai racontée, l'histoire des canaux est, dans ses grandes lignes, parfaitement authentique, en dehors sans doute de quelques points de détail involontairement erronés ou de traits un peu forcés[1].

Les contre-attaques des sceptiques des canaux martiens ont été une longue suite de démonstrations aussi pertinentes qu'ignorées des journaux. Du point de vue purement scientifique, on accorde à Eugène Antoniadi, d'abord fervent et influent soutien des « canalistes », le mérite d'avoir mené les observations les plus rigoureuses à l'issue desquelles la « pure illusion » a été clairement et définitivement établie comme telle. Il faudra cependant des années, et même des décennies, avant que les canaux de Mars cessent de hanter les manuels d'astronomie. De loin en loin, au fil du XXe siècle, quelques astronomes tout à fait sérieux défendront encore ces fameux canaux. Et, de même que les observations et les raisonnements rationnels les mieux assis parviennent rarement à retourner la conviction d'un partisan résolu d'une théorie quelconque, bien des adeptes des canaux défendront leur point de vue au-delà de toute raison. Earl Slipher, qui dirigea l'observatoire Lowell dans les années 50, en soutiendra l'existence jusqu'à sa mort, en 1964.

On se perd en conjectures pour comprendre comment l'illusion des canaux martiens a pu égarer si longtemps un si grand nombre de scientifiques sérieux. Outre les divers effets d'optique que l'on peut invoquer, il semble bien que l'on ait affaire à un cas d'école du fait qu'un observateur ne voit pas seulement ce qu'il y a à voir, mais aussi ce qu'il s'attend à voir ou même, dans certains cas, ce qu'il

1. Al Gore notamment, ancien vice-président des États-Unis, n'a jamais été diplomate à proprement parler, contrairement à Lowell.

espère voir. La pression des collègues, l'enthousiasme des médias, l'irrésistible attirance pour une histoire qui donne soudain un rôle de premier plan à des chercheurs qui, autrement, resteraient dans le relatif anonymat de leurs laboratoires… voilà un cocktail dont les effets enivrants se sont prolongés un siècle durant. Mieux : des décennies après la fin de l'affaire, l'on trouve encore le moyen de défendre ceux qui se sont si lourdement trompés. Au musée de l'observatoire Lowell, par exemple, mais aussi ailleurs, l'on peut ainsi apprendre à la décharge de son fondateur que, même si les canaux n'existent pas, ils ont joué un rôle « précurseur » dans la recherche de la vie extraterrestre ; en particulier, les programmes SETI (Search for Extra-Terrestrial Intelligence) – qui tentent de détecter d'improbables signaux venus d'ailleurs mais qui n'ont, en plusieurs décennies d'existence, jamais rien produit de positif – y sont valorisés et présentés comme les héritiers spirituels directs de l'« élan » jadis donné par Lowell. Avec cette remarque en tête, il n'est pas nécessaire de faire montre de beaucoup d'imagination pour concevoir que, lorsque l'agitation actuelle autour du climat sera retombée, quelle qu'en soit la conclusion, il se trouvera sans doute longtemps du monde pour soutenir que les alertes climatiques « auront au moins eu le mérite de lancer un débat utile »… Il est des sujets pour lesquels l'exactitude et la rigueur ne sont que des outils bien dérisoires.

Ne soyons pas trop durs envers les inventeurs des canaux martiens. Les mythes auxquels ils ont donné naissance sont de ceux qui ont fait, et font encore, rêver des générations entières. Leur élan créateur a permis à bien des imaginations de se déployer dans des directions nouvelles. L'enthousiasme communicatif des thuriféraires des canaux est incontestablement à mettre à leur actif. À l'époque des canaux de Mars, il ne semble pas que l'idée ait été avancée selon laquelle les Martiens étaient responsables (coupables) de la dégradation de leur environnement. Était-ce parce que, malgré le scientisme triomphant d'alors, personne n'avait l'orgueil d'imaginer qu'il était possible d'influer artificiellement sur le climat ? Quoi qu'il en soit, les partisans des canaux n'étaient pas avares de descriptions flatteuses du grand peuple de Mars, alors que bien des prédicateurs du réchauffement de la planète n'ont jamais de mots assez durs pour nous dépeindre, nous autres Terriens. En un sens, Lowell et ses adeptes tentaient de faire de la science à partir d'un beau rêve, là où certains tâchent aujourd'hui d'en faire à partir d'un cauchemar – celui d'un péché originel, d'une humanité qui ne ferait que souiller un paradis originel et qui ne saurait être que l'ennemie de la nature.

Sur le plan strictement scientifique, on pourrait, certes, avancer une différence importante entre les deux histoires : la première met en scène des astronomes dont les instruments d'observation étaient encore rudimentaires, donc difficilement comparables à ceux de la climatologie actuelle. La technique de la photographie astronomique n'était pas encore suffisamment au point à l'orée du XXe siècle pour produire des clichés précis d'un objet comme la planète Mars, qui n'apparaissait dans les télescopes de l'époque, même puissants, que comme un objet de taille très réduite. La discussion autour des canaux tourna donc en premier lieu autour des dessins réalisés par les astronomes. Quand des photographies furent disponibles, elles montrèrent tout d'abord… que les canaux existaient bel et bien, ce qui valut à ces premiers clichés de faire la une du *Wall Street Journal* en 1907 avant que l'on se rende compte que, la qualité des tirages étant encore insuffisante, les photos avaient été manuellement retouchées. Quant aux autres techniques d'observation comme la spectroscopie (pour étudier la composition atmosphérique de Mars), il fallut longtemps avant qu'elles soient en mesure de produire des résultats fiables. Nos modernes appareils, qui utilisent des technologies de pointe comme l'électronique, l'informatique ou les mesures satellitaires, sont d'une technicité qui semble bien loin du contexte matériel de l'aventure des canaux martiens. Les interstices par lesquels cet épisode a pu se glisser sont-ils désormais bouchés ou, à défaut, suffisamment comblés pour que nul errement scientifique d'une ampleur comparable ne puisse plus se déployer ?

Prêter au présent une telle supériorité sur le passé serait faire preuve d'une ignorance totale de la mécanique des erreurs qui sont le lot de la science depuis ses origines. De nombreux exemples très actuels montrent qu'aujourd'hui comme hier les plus grossières méprises scientifiques sont bel et bien possibles. De plus, si nos yeux subjectifs et imparfaits ne sont certes plus utilisés aussi directement qu'autrefois pour des observations dont la précision ne souffre pas l'approximation, les rêveries les plus folles disposent désormais d'un nouveau et immense terrain de jeu : l'ordinateur. À l'instar des astronomes de la fin du XIXe siècle réalisant des croquis de ce qu'ils pensaient voir à la surface de Mars, les modélisateurs dessinent tout autant aujourd'hui sur leurs claviers ce qu'ils imaginent se passer sur la Terre. Et, comme nous le verrons dans les chapitres qui vont suivre, l'ordinateur est, à bien des points de vue, source de tant d'erreurs que les instruments de dessin des astronomes de la fin du XIXe siècle n'ont finalement guère à rougir de la comparaison.

Aussi aurait-on bien tort de rire au nez des astronomes d'alors. Même si nos énormes machines nous laissent souvent croire le contraire, rien ne permet d'affirmer que la communauté scientifique contemporaine est différente de celle de ces Lowell, de ces Flammarion et de ces Schiaparelli, de ces amoureux de la science au-dessus de tout soupçon, capables de produire des œuvres qui sont la gloire de l'esprit humain, mais qui, parfois, se fourvoient des années durant dans ce que l'on perçoit après coup comme d'étranges errements dont on peine même à imaginer qu'ils aient pu exercer une telle influence. Des « rayons mitogéniques » (sorte de rayonnement ultraviolet imaginé dans les années 20 et grâce auquel des cellules étaient censées communiquer entre elles) à l'« effet Allison » (proposé en 1927 et qui devait fournir une méthode révolutionnaire d'analyse de composés chimiques) en passant par le « polywater » (un inexistant polymère de l'eau qui fit l'objet de diverses études très sérieuses dans les années 60-70), les exemples sont nombreux de ce qu'Irving Langmuir a appelé en 1953 la « science pathologique », dont certains cas ont impliqué de nombreux chercheurs de plusieurs pays durant des années. Lorsqu'une communauté scientifique est victime d'une telle maladie, son honneur repose entre les mains de sceptiques qui, malgré la véracité de leurs idées, peuvent ne parvenir que difficilement à se faire entendre. Seul le temps permet de dépassionner les débats : aujourd'hui, sur Mars, le cratère Antoniadi est plus gros que les cratères Flammarion et Lowell réunis.

L'exercice de style du présent prologue aura peut-être agacé certains lecteurs, qui lui reprocheront à juste titre de n'être qu'une analogie, qui, comme toute analogie, présente deux défauts majeurs. Le premier est que le parallèle qu'elle dresse n'est pas parfait (la divergence majeure étant ici que les canaux de Mars n'existaient pas alors que la température globale s'est, elle, bel et bien élevée au XXe siècle). Son second défaut, que j'annonçais dès le départ, est qu'une analogie n'est pas un élément de preuve. Comme l'expliquait si justement Paul Valéry, « L'histoire justifie ce que l'on veut. Elle n'enseigne rigoureusement rien, car elle contient tout, et donne des exemples de tout. » Redisons donc que le parallèle entre l'affaire des canaux de Mars et celle du réchauffement climatique n'est rien de plus qu'une analogie, qui ne saurait donc en aucun cas tenir lieu de démonstration. Pour cette même raison l'on serait fondé à demander à bien des tenants du réchauffement climatique d'origine humaine de cesser leurs amalgames tout aussi faciles entre les sceptiques du climat et ceux qui soutiennent que l'administration américaine serait l'auteur véritable des attentats du 11 septembre 2001, ou ceux qui s'imaginent que les vidéos du premier pas sur la Lune auraient été tournées en studio. Sans compter les méprisables accusations de « révisionnisme » qui suggèrent, parfois de manière explicite, que les sceptiques du climat seraient à comparer aux négateurs de la Shoah.

Je veux croire que ceux qui auront vu dans le présent prologue un rapprochement arbitraire auront la même attitude envers cet éloquent passage de l'un des préfaciers récents de *La Guerre des mondes* : « Aujourd'hui, [le roman de Wells] pourrait prendre une résonance plus écologique. Car l'homme lui-même a parfois tendance à se transformer en Martien sur sa propre Terre où il tente d'imposer sa violente empreinte »...

En science, l'analogie est un mode de raisonnement gravement fautif. Pour cette raison, je ne souhaite absolument pas que le présent prologue ait modifié l'avis du lecteur sur l'évolution actuelle du climat. Je pense cependant que, bien que piètre moyen pour tirer des conclusions, une analogie peut présenter un intérêt irremplaçable : celui d'éveiller l'envie de réfléchir. C'est avec une telle envie que, je l'espère, le lecteur gardera les yeux grands ouverts pour partir à la découverte de l'histoire du réchauffement climatique d'origine humaine, ce mythe d'aujourd'hui qui se construit au cœur même de notre modernité.

RÉFÉRENCES BIBLIOGRAPHIQUES

L'ouvrage d'Edgar Morin intitulé *La Rumeur d'Orléans* est paru aux éditions du Seuil en 1969.

L'histoire des canaux martiens a été racontée d'une très belle manière par Ludwik Celnikier (observatoire de Meudon), dans un article intitulé « Grandeur et décadence des Martiens », *Ciel et Espace*, hors-série n° 6, p. 60-67, 1993, auquel ce prologue doit beaucoup. Sur le sujet, on peut aussi consulter *Sur Mars : le guide du touriste spatial*, EDP Sciences, 2003, de Pierre Lagrange et Hélène Huguet. L'épisode des canaux de Vénus dont Lowell a poussé ses collaborateurs à confirmer l'existence se trouve, ainsi qu'une bibliographie, dans l'article de Stéphane Lecomte « Vénus et Lowell », *L'Astronomie*, vol. 115, p. 144-150, 2001.

Pour revivre l'enthousiasme de la fin du XIXe siècle de la vie sur les autres planètes, je ne saurais trop recommander de plonger dans l'œuvre de Camille Flammarion, et notamment dans certains passages de *La Pluralité des mondes habités*, 1868, de *L'Astronomie populaire*, 1880, réédité en 2009 par les éditions Flammarion, ou encore des *Terres du ciel*, 1884, au sous-titre évocateur : « Voyage astronomique sur les autres mondes et descriptions des conditions actuelles de la vie sur les diverses planètes du système solaire ». À noter que ces trois ouvrages, ainsi que de nombreux autres de Camille Flammarion, sont disponibles sur le site Gallica, la bibliothèque numérique de la Bibliothèque nationale de France (http://gallica.bnf.fr).

L'observatoire Lowell est toujours en activité aujourd'hui, et ce sont des recherches tout à fait sérieuses qui y sont menées dans le domaine de l'astronomie. Le site internet de l'observatoire (http://www.lowell.edu/) contient quelques éléments biographiques généraux sur Lowell et certains de ses associés, dont Douglass. Il ne se montre toutefois guère loquace sur l'affaire des canaux.

Le « coup de grâce » porté aux canaux par *Mariner 9* ne fut que le dernier d'une longue série. Entre autres, la mission Mariner 4 avait déjà, en 1965, délivré des premières images de Mars.

Les différents programmes de recherche regroupés sous le nom de SETI (http://www.seti.org/) ont été soutenus puis abandonnés par la NASA. Même si SETI est aujourd'hui hébergé par l'université de Berkeley, il survit surtout par la volonté de passionnés. Il n'a pour l'instant aucun succès à son actif, hormis quelques annonces occasionnelles qui n'ont jamais été confirmées par la suite.

Un exposé de Langmuir dans lequel il explique sa vision de la science pathologique a été retranscrit et publié sur internet à l'adresse http://www.cs.princeton.edu/~ken/Langmuir/langmuir.htm

Le romancier américain Michael Crichton, décédé en 2008, a exprimé pendant des années son scepticisme sur l'affaire actuelle du réchauffement climatique. L'une de ses interventions sur le sujet a été une conférence donnée en 2003 à l'Institut de technologie de Californie (CalTech) intitulée, de façon délibérément provocante, « Les extraterrestres sont la cause du réchauffement climatique » (*Aliens Cause Global Warming*). Crichton y a expliqué de façon intéressante comment, selon lui, la croyance en l'existence d'une vie extraterrestre s'est déployée à partir des années 60 dans les cercles académiques selon des normes scientifiques douteuses qui ont, d'une certaine manière, ouvert la voie à l'affaire du réchauffement climatique. Le texte de cette conférence est disponible sur internet à l'adresse http://www.michaelcrichton.net/speech-alienscauseglobalwarming.html Précisons que le côté parfois « hollywoodien » des romans de Crichton ne doit pas occulter l'intérêt de certaines analyses du romancier américain, notamment sur l'affaire du réchauffement climatique.

La citation de Paul Valéry est tirée de son ouvrage intitulé *Regards sur le monde actuel*, Stock, 1931.

On trouve une analogie entre les sceptiques du climat et les tenants du « complot interne » des attentats du 11 septembre 2001 dans un article de Sophie Gindensperger publié le 31 juillet 2008 sur le site @rrêt sur images (http://www.arretsurimages.net/contenu.php?id=1028). Celle entre les sceptiques du climat et ceux qui pensent que les images du premier pas sur la Lune ont été tournées en studio a été faite par Gore le 30 mars 2008, qui a affirmé que les sceptiques du climat « sont pratiquement comme ceux qui croient toujours que l'alunissage n'était qu'une mise en scène tournée en Arizona, ou ceux qui croient que la Terre est plate. C'est peut-être dénigrer un peu, mais ce n'est pas si loin ». Pour l'anecdote, notons que Buzz Aldrin, le deuxième homme à avoir marché sur la Lune lors de la mission Apollo 11, s'est déclaré sceptique du climat (voir http://www.telegraph.co.uk/technology/5734525/Buzz-Aldrin-calls-for-manned-flight-to-Mars-to-overcomeglobal-problems.html). Harrison Schmitt, un autre *moonwalker* (de la mission Apollo 17), géologue professionnel, en a fait autant (voir http://www.heartland.org/custom/semod_policybot/pdf/25715.pdf).

Parmi les multiples amalgames entre sceptiques du climat et révisionnistes de la Shoah, citons Ellen Goodman qui, dans le journal *The Boston Globe* du 9 février 2007, a écrit que « les négateurs du réchauffement climatique sont désormais comparables aux négateurs de l'Holocauste ».

La citation de la préface à *La Guerre des mondes* de Wells est de Christian Grenier, Gallimard, 1993.

CHAPITRE 1

L'armée de l'ombre

L'espoir changea de camp, le combat changea d'âme.
Victor Hugo, *Les Châtiments*, 1853

Bien que la valeur d'une théorie scientifique ne se mesure pas au nombre de ses partisans, le principe d'économie de moyens indique que l'attitude la plus rationnelle de la part d'un non-spécialiste pour décider de son adhésion ou de sa non-adhésion à une théorie consiste à s'en remettre à l'avis des spécialistes. Il arrive certes, comme l'illustre l'affaire des canaux de Mars, que ceux-ci se trompent, mais puisque nous ne pouvons pas individuellement nous interroger sur tout, nous n'avons, le plus souvent, pas d'autre choix que de donner notre confiance à ceux qui en semblent les plus dignes. S'agissant de la théorie du réchauffement climatique d'origine humaine, l'application de ce principe semble naturellement conduire à cette conclusion sans appel : puisque, vue de l'extérieur, cette théorie fait l'objet d'un consensus des experts les plus qualifiés, le plus rationnel consiste à s'y rallier.

En réalité, le décalage entre cette vision commune d'un consensus et la réalité frappe quiconque se donne la peine d'aller voir au-delà des apparences. Bien que l'alarmisme climatique puisse se prévaloir de nombreuses et spectaculaires victoires, ses conquêtes ressemblent de plus en plus à une campagne de Russie. À l'image de Napoléon entrant dans Moscou, sa domination cache de graves faiblesses, dont la stagnation de la température globale des dix dernières années n'est pas la moindre *(voir chapitre 3)*. Il est probable que, plus encore qu'aux troupes pourtant fournies du scepticisme climatique, l'issue de l'affrontement devra beaucoup au général Hiver... Mais avant d'y venir dans les chapitres qui vont suivre, je vais d'abord tâcher de montrer que l'application du principe d'économie de moyens est bien loin, ici, de suggérer une adhésion inconditionnelle à la théorie aujourd'hui dominante. Plongeons-nous pour commencer dans l'histoire de cette extraordinaire affaire.

Un siècle de retournements

L'épopée des tenants d'une « crise climatique d'origine humaine » est celle de légions conquérantes qui ont connu des succès éclatants sur la presque totalité des fronts. À l'origine toutefois, ces légions ont eu bien du mal à se choisir un étendard. Depuis plus d'un siècle en effet, le regard porté sur le climat hésite entre la peur du froid et celle du chaud, au gré des caprices du thermomètre. Ainsi, en 1895, le *New York Times*, comme d'autres journaux, s'inquiète du possible avènement d'un âge glaciaire, prenant à témoin l'extension de certains glaciers.

En 1896, le chimiste Svante Arrhenius est le premier à s'intéresser à l'effet de serre que peut provoquer le gaz carbonique. Dans des travaux ultérieurs, il suggère que les activités industrielles pourraient provoquer un réchauffement planétaire de quelques degrés. Si nous avons bien là le début de la théorie du réchauffement climatique d'origine humaine, on aurait bien tort de croire qu'Arrhenius s'inquiétait d'une possible « crise climatique », lui qui se réjouissait au contraire d'un éventuel réchauffement induit par l'homme, y voyant divers avantages. Quoi qu'il en soit, les idées d'Arrhenius, jugées simplistes, sont vite balayées sans pitié par les physiciens de l'époque.

Dans les années 20, le réchauffement marque toutefois de nouveaux points car les températures ont tendance à monter. En 1922, le Bureau météorologique américain rapporte que des expéditions polaires dans l'Arctique ont observé que des glaciers connus ont entièrement fondu, et que l'eau s'est tellement réchauffée que les phoques commencent à en ressentir douloureusement les effets.

En 1938, un ingénieur et météorologue amateur, Guy Callendar, remet au goût du jour l'idée d'Arrhenius. Lui aussi considère que la possibilité d'un réchauffement est une très bonne nouvelle, mais d'autres ne partagent pas son avis, et les premières inquiétudes autour du chaud commencent à se déployer, parvenant à se frayer un chemin jusqu'au bureau du président des États-Unis *via* son Comité scientifique consultatif, qui l'informe du risque en 1965.

Las ! Dans les années 70, la température recommence à baisser (une baisse amorcée en fait dès les années 40 – *voir chapitre 3*). L'opinion se retourne une nouvelle fois : la peur du « refroidissement global » fait la une des magazines, des reportages télévisés et de certains ouvrages de vulgarisation. De grands noms et de grandes institutions scientifiques alertent sur les drames qu'un tel refroidissement planétaire ne manquerait pas d'engendrer. Les ouvrages spécialisés publiés à cette époque sont, comme il se doit, beaucoup plus mesurés, mais tout de même assez clairs. Pierre Estienne et Alain Godard écrivent par exemple, dans leur *Climatologie* publiée en 1970 (Armand Colin, réédité en 1993), que « depuis une quinzaine d'années, il semble que nous nous acheminions à nouveau vers une pulsation froide ; la température des eaux marines arctiques est en baisse ; l'élevage groenlandais ne subsiste qu'avec des aliments importés… ». Certains ouvrages persistent à évoquer la crainte d'un réchauffement climatique d'origine humaine, parfois même en en dépeignant les dramatiques conséquences potentielles, pour ajouter aussitôt que la baisse observée de la température rend tout de même la théorie d'Arrhenius et de Callendar plus que douteuse.

S'il semble excessif de parler de consensus de la communauté scientifique, la crainte diffuse d'un refroidissement majeur semble bien avoir effectivement existé pendant plusieurs années dans l'opinion des années 70. Il se peut que la fameuse canicule de 1976 en Europe ait joué un rôle psychologique dans l'ultime retournement de situation qui a vu à nouveau le chaud supplanter le froid. Cependant, et ce sera peut-être là une surprise même pour des lecteurs bien informés, la possibilité d'un retour prochain à un épisode froid n'a pas été abandonnée partout dès cette époque. Une illustration particulièrement impressionnante en est donnée par la couverture d'un numéro du magazine *Ciel et Espace*, revue de référence des astronomes amateurs. On y voit le sphinx et les pyramides d'Égypte recouverts de neige, avec, en épaisses majuscules rouges le titre du dossier du mois : « Le retour des grands froids ». Difficile à croire, mais pourtant vrai : cette couverture date de 1988. Il y a vingt ans. Il y a vingt siècles, serait-on tenté de dire à la lecture de l'introduction de l'article intitulé « Retour à l'âge glaciaire ? » qui ouvre le dossier : « Hiver glacial. Été froid. Voilà peut-être l'essentiel des prévisions météorologiques pour les prochaines années [...] Le plus difficile reste encore de répondre à la question : "à quand la prochaine vague de froid ?" » L'article, signé de Jean-François Robredo, détaille les influences solaires sur le climat. Il se conclut par ces mots : « Concrètement, si la tendance actuelle devait se poursuivre [...], on ne peut exclure un retour prochain du froid. Faut-il en conclure qu'une (petite) ère glaciaire frappe déjà à notre porte ? Pour certains, les étés "pourris" et les hivers froids de ces dernières années en sont déjà des signes précurseurs. Les scientifiques restent plus prudents... et plus optimistes[1]. »

L'année 1988 est pourtant celle où le réchauffement prend l'ascendant pour de bon, notamment suite à une déposition devenue célèbre de James Hansen, un scientifique de la NASA, au Congrès américain. Trois mois après la parution de son dossier, *Ciel et Espace* publie d'ailleurs le courrier d'un lecteur qui s'interroge : se dirige-t-on donc vers un réchauffement ou vers un refroidissement ? La réponse de la rédaction finit par ces mots sans équivoque : « ... [l'on a] raison d'annoncer, aujourd'hui, un léger réchauffement de la Terre, dû à la

1. Deux courtes mentions de la possibilité d'un réchauffement sont tout de même données dans l'article : l'une au détour d'un encadré expliquant le phénomène de l'effet de serre, l'autre dans une note de bas de page qui précise que l'éventuelle tendance au refroidissement se doit d'être « nuancée par l'influence propre de l'homme sur le climat, qui va plutôt dans le sens d'un réchauffement de l'atmosphère ! ».

seule activité humaine, qui rejette dans l'atmosphère des milliards de kilowatts par an. Il n'empêche, tout compte fait et à moyen et long terme, nos arrière-arrière-petits-enfants, et les leurs, verront bien les glaciers et les banquises gagner du terrain, et nos belles plages gagner sur la mer… » Les arrière-arrière-petits-enfants en question naîtront dans la seconde moitié du XXIe siècle. Le discours actuel est, faut-il le dire, bien loin de leur prédire la même chose.

La victoire du chaud

À la fin des années 80, donc, malgré quelques voix résiduelles, la chaleur supplante définitivement le froid comme étendard de l'inquiétude climatique. Les troupes se mettent en ordre de marche pour la conquête en 1988, année où se crée ce qui va se révéler une redoutable machine de guerre : le GIEC (Groupe d'experts intergouvernemental sur l'évolution du climat). Structure *sui generis* sans équivalent dans l'histoire des sciences et dont la fonction principale est de forger l'opinion des décideurs sur les questions climatiques, le GIEC émane de l'Organisation météorologique mondiale d'une part, du Programme des Nations unies pour l'environnement d'autre part. Cet enfant de la science et de la politique s'est imposé comme interlocuteur privilégié sur toutes les questions climatiques. Il affirme rassembler les deux mille cinq cents scientifiques les plus compétents sur ces questions.

Les thèses du GIEC peuvent se résumer ainsi :

– la température moyenne de la planète a augmenté d'environ 0,7 °C depuis le début de l'ère industrielle (c'est-à-dire le milieu du XIXe siècle) ;

– les émissions de gaz carbonique (ou dioxyde de carbone, ou CO_2) d'origine humaine ont fortement augmenté depuis cette époque, si bien que la concentration atmosphérique de ce gaz est passée d'environ 280 ppm (parties par million) à environ 380 ppm en un siècle et demi ;

– entre autres choses, l'augmentation de la concentration atmosphérique en gaz carbonique a eu pour effet, *via* divers mécanismes, d'accentuer le phénomène physique connu sous le nom d'« effet de serre », dont l'une des conséquences est que, prise dans son ensemble, la planète se réchauffe ;

– ce sont donc les activités humaines qui sont la principale cause de l'augmentation constatée de la température du globe ;

– à moins d'une réduction forte et rapide de nos émissions en gaz carbonique (mais aussi d'autres gaz à effet de serre, comme le méthane), la température de la Terre va augmenter encore au XXIe siècle, dans une fourchette dont les moyennes varient entre 2 °C et 4 °C selon les scénarios, sans exclure la possibilité d'un réchauffement plus important qui pourrait dépasser les 6 °C ;

– cette augmentation de la température aura des effets dramatiques dans beaucoup d'endroits du monde, qui seront frappés, selon les régions, par la sécheresse, les pluies torrentielles, des catastrophes naturelles plus fréquentes, des canicules, une augmentation excessive du niveau des mers, etc.

Les troupes des partisans de ces thèses ont conquis tour à tour les territoires associatifs, scientifiques, médiatiques, politiques, éducatifs et même publicitaires. En une petite vingtaine d'années seulement, pratiquement tous les bastions de résistance sont tombés entre leurs mains. Sommet de la Terre, protocole de Kyoto ou conférence de Bali sonnent à leurs oreilles comme autant de victoires, qu'elles soient illusoires, symboliques ou réelles. Les revues scientifiques les plus prestigieuses leur sont désormais acquises, les magazines de vulgarisation leur ont, logiquement, emboîté le pas, et avec eux tous les grands médias d'information. Les enfants apprennent aujourd'hui les méfaits du réchauffement à venir aussi bien au travers de livres illustrés écrits à leur intention qu'à l'école, où le film *Une vérité qui dérange* est parfois diffusé. La publicité n'est pas en reste, qui nous vante régulièrement les « bienfaits pour la planète » de notre consommation de tel ou tel produit. Enfin, il n'est plus aucun parti politique un tant soit peu représentatif qui n'ait dans son programme une batterie de propositions pour lutter contre le réchauffement climatique.

De la célèbre revue *Nature* à la *Royal Society* britannique en passant par l'ONU, il serait fastidieux d'énoncer la liste de toutes les respectables institutions qui se sont aujourd'hui ralliées à ces thèses. Le triomphe a été total, a changé en seulement quelques années la face de la science climatologique et s'est infiltré dans tous les aspects de notre société. Si aucune dénomination ne s'est imposée pour désigner les troupes victorieuses, c'est parce qu'elles n'en ont même pas eu besoin. Certes, d'« alarmistes » à « réchauffistes », les noms d'oiseaux ne manquent pas venant de leurs adversaires. C'est en vain, en revanche, que l'on chercherait une dénomination à la fois neutre et courante en dehors de celle qui évoque « les climatologues » – procédé de langage qui a pour effet d'ignorer l'existence même de leurs opposants. Dans la suite, j'utiliserai de manière systématique le néologisme de *carbocentristes*, le plus neutre que j'ai su trouver[1].

Les masses silencieuses

Face à la déferlante carbocentriste, ceux que l'on appelle les « sceptiques » ont donc été contraints de reculer. Qui sait seulement qu'ils existent, à part lorsque telle personnalité médiatisée s'en fait l'écho, parfois de manière tapageuse et finalement contre-productive ?

Il n'est pas nécessaire de rappeler que, de manière étymologiquement paradoxale, nos médias contemporains sont contraints par l'immédiateté. Or, rien n'est plus éloigné de la démarche scientifique qu'une telle contrainte. Si la science fait bien sûr, à l'occasion, des percées foudroyantes, bien plus souvent elle progresse par hésitations, par discussions lentes. De la mécanique quantique à la tectonique des plaques, la plupart des grandes théories scientifiques ne se sont développées qu'à l'issue de longues et indécises discussions, rarement hautes en couleur. Cette observation tout à fait banale suffit,

1. Il est toutefois entendu que le simple fait d'attribuer un nom relève d'une intention de circonscrire ce dont il est question, et qu'une telle démarche n'a rien de neutre.

me semble-t-il, à démontrer deux points : d'une part, la machine médiatique n'est guère adaptée pour rendre compte de manière fidèle de la marche de la science. D'autre part, le « consensus » proclamé par les carbocentristes est *a priori* hautement suspect : il supposerait que les annonces alors sans lendemain d'Arrhenius ou Callendar auraient soudain mis d'accord l'ensemble de la communauté scientifique, alors même qu'aucune théorie générale n'a vu le jour concernant cet objet extraordinairement compliqué qu'est la machine climatique. Un tel événement serait assez exceptionnel dans l'histoire des sciences, qui montre bien plus souvent que de longues années, des décennies même sont nécessaires avant que l'unanimité scientifique ne s'impose au sujet d'un système d'une telle complexité.

En réalité, le consensus affiché en faveur du carbocentrisme n'existe pas. Venues d'horizons de plus en plus divers, des voix s'élèvent pour s'y opposer. Bien sûr, objectera-t-on par avance, il existe aussi quelques scientifiques qui soutiennent encore la validité des expériences sur la « fusion froide ». Cependant, comme nous allons le voir plus loin, l'armée des scientifiques sceptiques du climat, bien que rejetée dans l'ombre, n'a rien à voir avec le simple reliquat d'une opinion scientifique discréditée.

Parce que le discours dominant a réussi à instiller l'idée qu'il est l'expression de l'avis de tous les spécialistes, il ne fait aucun doute que de nombreux scientifiques d'autres disciplines adhèrent au carbocentrisme par simple confiance envers leurs collègues. Il est bien évident que, le plus souvent, cette confiance est tout à fait légitime. J'ai eu pendant des années cette naturelle confiance, qui a longtemps fait de moi l'un des innombrables soutiens passifs du carbocentrisme. Comme sans doute bien des personnes de formation scientifique, mon seul scepticisme portait sur ce que je percevais comme une probable exagération médiatique. Mais sur le fond, toute ma culture universitaire me portait à penser que le carbocentrisme était fondé – et je prie mes lecteurs de croire qu'il ne m'a pas été anodin d'avoir dû ainsi le questionner.

Concernant les nombreux scientifiques et laboratoires de recherche qui cautionnent plus explicitement le carbocentrisme, il convient d'observer deux choses. La première est que, souvent, cette caution n'est qu'indirecte, au sens où bien des recherches portent sur les *effets supposés* des thèses carbocentristes, et non sur leur pertinence. Telle équipe de recherche va ainsi s'intéresser aux conséquences économiques possibles d'une hausse du niveau des mers, tandis que tel industriel travaillera à la séquestration du gaz carbonique. Le « réchauffement climatique » sera bel et bien invoqué, mais comme simple postulat [1]. « Durant mon séjour de six ans à la section de comptabilité carbone de l'Office australien de l'effet de serre, personne ne m'a parlé des preuves accusant les émissions de gaz carbonique. La chose était tout simplement acceptée » : je tiens pour certain que cette réflexion de David Evans, aujourd'hui sceptique après avoir conçu et développé un modèle complet de comptabilité carbone (FullCAM), est largement partagée au sein de nombreux organismes engagés dans la cause carbocentriste. William Schlesinger, membre de l'Académie américaine des sciences et carbocentriste réputé, a reconnu publiquement que, parmi les deux mille cinq cents scientifiques du GIEC, environ 20 % seulement sont liés aux sciences du climat. Ouvrons ici une parenthèse pour noter que parmi eux se trouvent de nombreux dissidents, dont certains ont choisi de démissionner de leur fonction au GIEC. Les plus connus de ces dissidents sont Richard Lindzen, Paul Reiter, Christopher Landsea ou encore John Christy. Parmi les sceptiques que le GIEC compte en son sein, citons Vincent Gray, Peter Dietze, et surtout Yury Izrael, vice-président du GIEC qui a notamment affirmé en 2005 que « [le] problème [du changement climatique] est obscurci par de nombreuses erreurs et conceptions fautives [...]. Il n'y a aucun lien démontré entre les activités humaines et le réchauffement climatique ».

Un autre point à observer est que, de toute évidence, certains soutiens au carbocentrisme ne sont pas très profonds. Les pages d'introduction de bien des ouvrages des siècles passés rendaient grâces à Dieu, ou au souverain du moment : devait-on les comprendre

1. Dans cette veine, une grosse partie des rapports du GIEC traite non pas de la théorie elle-même, mais de ses possibles conséquences.

comme l'affirmation de la foi de leurs auteurs, ou de leur adhésion sans faille au régime en place ? Croit-on vraiment que les scientifiques soviétiques étaient tous dupes de l'efficacité du matérialisme dialectique pour faire progresser la science ? Bien des témoignages recueillis par des sceptiques sous le sceau de l'anonymat suggèrent qu'une part non négligeable des soutiens au carbocentrisme ne sont guère plus que de façade.

Il ne saurait être question ici de suggérer que le carbocentrisme n'aurait plus de partisans. Tout au contraire, bien sûr, il est de nombreux scientifiques carbocentristes influents et compétents. Leur visibilité me semble suffisante pour que je me dispense d'en faire la recension. Mais, une fois écartés les miroirs grossissants précédents, la supériorité des carbocentristes n'est pas si écrasante. Bien qu'effectivement moins nombreux, moins organisés et pour l'instant peu observés, leurs adversaires sont là et bien là. Alors que les troupes sceptiques se réduisaient comme peau de chagrin il y a quelques années, ces troupes reçoivent désormais de plus en plus de soutien. Aucune défection ne s'observe plus dans leurs rangs, et à mesure que le temps passe, leurs positions se renforcent. Voyons cela plus en détails.

Les troupes sceptiques

Le premier corps d'armée de sceptiques dont il convient de parler se compose des nombreux climatologues et spécialistes de l'atmosphère qui combattent farouchement les positions du GIEC. Le plus éminent d'entre eux est probablement Richard Lindzen, professeur au célèbre Massachusetts Institute of Technology. Bête noire des carbocentristes, sceptique de la première heure, il a bataillé depuis le début de l'affaire.

Si Lindzen est probablement le climatologue sceptique le plus réputé, il est loin d'être le seul. Le corps d'armée sceptique des climatologues compte bien d'autres personnalités comme Roger Pielke Sr (université du Colorado) et son équipe du site internet Climate

Science, Roy Spencer (université de l'Alabama), Marcel Leroux (université Lyon-3), récemment décédé, Tim Ball (université de Winnipeg), Fred Singer (université de Virginie), Red Bryson (université du Wisconsin)… Citons encore John Theon, physicien de l'atmosphère, qui fut le supérieur direct de James Hansen de 1982 à 1994[1]. Dans ce corps d'armée comme dans les autres, les opinions sont bien entendu très diverses, et le degré de rejet des thèses carbocentristes varie grandement selon les personnes.

Un second corps d'armée, particulièrement fourni et structuré, est celui des « solaristes », comme Henrik Svensmark, Eigil Friis-Christensen (tous deux du Centre national danois de l'espace), Nir Shaviv (université de Jérusalem) ou encore Nicola Scafetta (université Duke, Caroline du Nord). Selon les solaristes, l'essentiel des variations climatiques récentes s'expliquent par des phénomènes solaires.

S'il est facile d'accepter que notre étoile joue un rôle crucial dans l'évolution de notre climat et que nous devons donc considérer avec la plus grande attention ses occasionnelles sautes d'humeur, il est tout aussi facile aux carbocentristes de répliquer que leurs calculs en tiennent bien évidemment déjà compte – on ne voit pas d'ailleurs comment il pourrait en aller autrement. À moins, donc, d'y regarder de plus près, il pourrait sembler que les solaristes ne mènent qu'un combat d'arrière-garde à l'aide d'arguments simplistes qui n'abuseraient que des esprits crédules. Les variations de l'éclairement solaire (dont la période est d'environ onze ans) sont effectivement intégrées dans les calculs carbocentristes et ne peuvent, à elles seules, expliquer l'évolution actuelle de la température du globe.

Cependant, ce n'est pas sur les variations d'éclairement que les solaristes attirent l'attention, mais sur les cycles d'éruption solaire. « Si vous aviez des yeux pour voir les rayons X, commente le sceptique Nigel Calder, ce qui ne semble qu'une jolie et amicale boule jaune vous apparaîtrait comme un tigre enragé. » Pour prolonger cette

1. Rappelons que c'est la déposition de Hansen au Congrès américain en 1988 qui a été le point de départ majeur de l'affaire du réchauffement climatique d'origine humaine.

belle image proposée par cet ancien rédacteur en chef du magazine *New Scientist*, les griffes de ce fauve céleste sont les protubérances solaires, immenses jaillissements dont la taille peut dépasser plusieurs fois celle de notre planète. L'effet de ces cycles éruptifs est que la quantité de particules ionisantes qui nous parvient en permanence de l'espace varie. Pour donner une explication imagée, les choses se passent un peu comme si le Soleil créait un vent qui balayait avec plus ou moins d'efficacité le flux de particules ionisantes qui nous parvient par ailleurs de l'espace. Or, il semble que ces particules jouent un rôle crucial dans la formation des nuages, lesquels, à leur tour, ont un effet sur la température de la Terre. Ainsi, l'augmentation de la température globale au XXe siècle s'expliquerait par une activité solaire qui, pour des raisons qui restent à comprendre, se serait élevée à un niveau assez exceptionnel[1].

Telle est, en quelques lignes évidemment simplifiées, l'idée générale de la thèse solariste. Elle donne lieu à nombre de publications dans des revues scientifiques du plus haut niveau et suscite aujourd'hui l'intérêt de nombreux chercheurs[2].

Même si certaines courbes montrent un lien tout à fait frappant entre l'activité solaire et la température terrestre, il serait abusif de prétendre que le solarisme fournit une réponse à tout. Il faut le prendre pour ce qu'il est : une théorie scientifique en cours d'élaboration,

---

1. L'expérience « Cloud », actuellement en cours au CERN (Organisation européenne pour la recherche nucléaire) de Genève, doit permettre d'éclaircir des points importants de la théorie solariste. Programmée sur plusieurs années, les résultats de cette expérience sont très attendus.

2. En 2002, Édouard Bard (Collège de France), dont les positions sont nettement carbocentristes, commentait la théorie solariste en écrivant que « les opinions divergentes sur le réchauffement global pourraient être départagées dans un futur proche car nous entrons actuellement dans la phase descendante du cycle solaire. D'ici à 2006, l'influence des gaz à effet de serre dominera, si l'on en croit la plupart des spécialistes. Si [les solaristes ont] raison, alors la baisse d'activité solaire pourrait ralentir un peu le réchauffement. » Le bilan des observations ultérieures va encore plus loin : comme nous y reviendrons au chapitre 3, la Terre s'est légèrement refroidie.

dont les défenseurs procèdent par essais et erreurs et qui, même si elle aboutit, n'aura pas pour fonction de tout expliquer mais de comprendre un élément de plus de la machinerie climatique. S'il existait une cause unique à l'évolution de la température sur les derniers siècles ou les dernières décennies écoulées, elle aurait sans doute déjà été trouvée ; il ne faut donc guère s'attendre à ce qu'un jour un scientifique publie triomphalement deux courbes identiques, l'une montrant l'évolution de la température et l'autre celle d'un phénomène quelconque, naturel ou artificiel. La compréhension nécessitera, de toute évidence, le croisement de plusieurs facteurs. Il reste que, parmi ces facteurs, il est fort possible que les cycles d'éruption solaire soient appelés à jouer un rôle bien plus important que celui que les carbocentristes leur accordent.

Un troisième corps d'armée sceptique regroupe ceux que l'on pourrait appeler les « océanistes ». Représentés par des spécialistes tels que Demetris Koutsoyiannis (université d'Athènes), les océanistes s'intéressent à des phénomènes comme El Niño, La Niña et autre oscillation décennale du Pacifique, imparfaitement compris et dont l'influence exacte sur l'évolution du climat est encore mal prise en compte. L'énergie thermique contenue dans les océans est immensément plus grande que celle que contient l'atmosphère, si bien que l'évolution des températures océaniques est un élément probablement beaucoup plus significatif que celle des températures atmosphériques pour comprendre l'évolution climatique à l'échelle globale[1].

Selon les océanistes, il est impératif de mieux comprendre les interactions entre l'océan et l'atmosphère. Les océans (qui, en passant, sont d'immenses réservoirs de gaz carbonique – ils en contiennent bien plus que tout ce que l'humanité pourra jamais envoyer dans l'atmosphère avec son pétrole) disposent d'une grande « mémoire

1. En l'occurrence, un débat existe pour déterminer si le contenu thermique des océans augmente ou pas. Selon certaines observations, dont celles de Pielke, après une période de hausse, ce contenu thermique est stationnaire, voire en baisse, depuis quelques années.

thermique », qui fait que, par exemple, l'énergie thermique reçue par les océans peut fort bien (et c'est même le plus souvent le cas) n'être libérée dans l'atmosphère qu'avec un décalage de plusieurs siècles. Parmi les multiples articles qui s'intéressent aux liens entre océans et climat, citons celui de Gilbert Combo et Prashant Sardeshmukh (université du Colorado) paru en 2008 dans la revue *Climate Dynamics*, qui propose une explication selon laquelle les variations de température des continents seraient dictées par celles des océans, et non par l'effet de serre.

Notons enfin que solarisme et océanisme ne sont pas des théories antagonistes. Diverses publications tentent aujourd'hui d'articuler les deux mécanismes ; parvenir à une synthèse des deux points de vue est un enjeu important de la recherche actuelle.

Un quatrième et puissant corps d'armée sceptique est composé de géologues. « La géologie, explique par exemple Jan Veizer (université d'Ottawa), nous apporte une grande quantité de preuves de la perpétuelle variabilité naturelle du climat. » De nombreux géologues estiment que la façon carbocentriste d'envisager le climat est biaisée, accordant trop d'importance à de trop courtes périodes. Les questions des géologues sont autant d'épines dans le pied de la théorie carbocentriste : comment concilier cette théorie, par exemple, avec la réalité avérée de périodes glaciaires durant lesquelles la teneur atmosphérique en gaz carbonique était pourtant beaucoup plus importante qu'aujourd'hui (cinq fois plus durant la période Crétacé-Jurassique, quinze fois plus lors de la période Ordovicienne-Silurienne) ?

Comparativement à leur importance dans le débat, l'on parle relativement peu des géologues lorsqu'on évoque les sceptiques du climat. Sans doute faut-il y voir l'effet du fait que ceux-ci ne mettent pas nécessairement en avant une théorie alternative comme le font les solaristes. Pourtant, selon Tom Segalstad, géologue à l'université d'Oslo et ancien expert du GIEC, « La majorité des géologues de premier plan à travers le monde sait que le point de vue du GIEC sur le fonctionnement de la Terre est improbable, pour ne pas dire impossible ». Le congrès international de géologie qui s'est tenu en août 2008 a confirmé ce point de vue en montrant que de nombreux spécialistes du domaine sont en désaccord frontal avec les thèses carbocentristes.

Un cinquième corps d'armée sceptique, qui pourrait bien se révéler à terme particulièrement important, est composé de physiciens. Comme indiqué plus haut, le mécanisme de base selon lequel le gaz carbonique serait responsable de l'augmentation des températures est l'« effet de serre ». L'idée générale très simplifiée est, en substance, que le gaz carbonique (entre autres) jouerait plus ou moins pour l'atmosphère le rôle de la vitre qui, dans une serre, emprisonne la chaleur ; ainsi, donc, en en augmentant la teneur dans l'atmosphère, l'homme serait responsable d'un réchauffement global. Or, une telle représentation est violemment critiquée par des physiciens, pour de nombreuses raisons. Non seulement il est établi que, bien plus importante que le gaz carbonique, la vapeur d'eau est responsable à elle seule d'au moins 60 % de l'effet de serre (des auteurs vont jusqu'à 95 %), mais, plus grave, le mécanisme proposé pour cet effet et ses conséquences est gravement fautif du point de vue de la thermodynamique. C'est notamment ce que soutiennent Gerhard Gerlich (université technique Carolo-Wilhelmina, Allemagne) et Ralf Tscheuschner, auteurs en 2007 d'une prépublication qui a fait couler beaucoup d'encre et dont le titre résume bien le contenu : « Réfutation, dans le cadre de la physique, de l'effet de serre du CO_2 atmosphérique ». La posture condescendante adoptée par certains carbocentristes pour décrédibiliser cette prépublication n'a pas empêché celle-ci de paraître, un an et demi plus tard, dans *International Journal of Modern Physics*, une revue dont le haut niveau scientifique est incontestable.

Autre exemple relevant de la physique : en 2008, la Société américaine de physique (APS), une association dont la position officielle est alignée sur le carbocentrisme, a fait paraître en juillet 2008 un point de vue sceptique, présenté par Christopher Monckton (ancien conseiller de Margaret Thatcher) dans l'une de leurs publications, *Physics and Society*. Cette publication a créé des remous dans cette société savante mondialement respectée et certains membres ont pris la défense de Monckton. Par la suite, plusieurs dizaines de membres de l'APS ont exprimé une position sceptique sur le réchauffement climatique, contraignant son comité directeur à former un groupe de réflexion destiné à revoir la position officielle de l'APS sur le carbocentrisme. En octobre 2009, plus de cent soixante physiciens, dont Ivar Giaever, prix Nobel de Physique 1973, ont adressé un courrier au Sénat américain pour dénoncer la position officielle de l'APS, affirmer que le consensus affiché est un leurre, et insister sur le fait qu'« un consensus n'est pas un test acceptable de validité scientifique ». Malgré tout, à quelques éléments secondaires près, l'APS a décidé en novembre de maintenir sa position générale sur la question, ce qui a décidé un groupe de physiciens à lancer une pétition auprès des membres de l'APS.

Parmi les physiciens, il convient enfin de faire une place à Freeman Dyson, l'un des plus célèbres physiciens de sa génération, moins critique sur le carbocentrisme à proprement parler que sur certaines des méthodes de ses promoteurs et sur l'importance prise par l'affaire, une importance selon lui exagérée hors de toutes proportions raisonnables.

En plus de ces corps d'armée, les sceptiques peuvent compter sur l'appui de nombreux bataillons venus des sciences de l'environnement, des sciences de la Terre, de la météorologie, de l'analyse des prévisions, des sciences de l'ingénieur, etc. Par exemple, Syun Akasofu, fondateur et directeur jusqu'en 2007 du centre de recherches international sur l'Arctique (université d'Alaska Fairbanks), n'a pas de mots assez durs pour contester l'image véhiculée par le GIEC et les médias de l'évolution de la banquise. Divers spécialistes des ouragans comme Christopher Landsea (Agence fédérale américaine sur les océans et l'atmosphère), ou de la diffusion des épidémies comme Paul Reiter (Institut Pasteur) se sont tout aussi violemment élevés contre certaines affirmations du GIEC. D'autre part, le « réchauffement climatique » amorcé dans les années 1980 qui s'observe sur certaines des planètes du système solaire (Mars, Jupiter, Neptune, ainsi que la petite planète Pluton et le plus gros satellite de Neptune, Triton) suscite pour la thèse solariste l'intérêt de certains astronomes, comme Khabibullo Abdusamatov (Observatoire astronomique de Pulkovo, Russie). Un point de vue carbocentriste publié par Rudy Baum dans une publication du 22 juin 2009 de la Société américaine de chimie s'est attiré les foudres de nombreux membres de cette société savante. Enfin, en France, Vincent Courtillot (Institut de physique du globe de Paris) est devenu l'une des principales figures du scepticisme climatique, notamment grâce à sa célèbre conférence du 8 juin 2009, tenue à l'université de Nantes.

De l'Académie polonaise des sciences à l'Union japonaise des géosciences en passant par un rapport officiel commandité par le gouvernement indien, l'on pourrait multiplier les exemples qui montrent qu'il n'existe pas de consensus autour du carbocentrisme. Seule la volonté de ne pas noyer le lecteur sous des flots de noms de scientifiques prestigieux me conduit à ne pas en allonger ici la liste, si ce n'est pour mentionner encore Frederick Seitz, ancien président de l'Académie américaine des sciences et caution scientifique d'une pétition sceptique rassemblant aujourd'hui plus de trente mille signatures, dont plus de neuf mille titulaires d'un doctorat[1].

Les grands maquis

Parallèlement à ces sceptiques du monde académique, qui constituent en quelque sorte l'armée régulière du scepticisme, certains opposants au carbocentrisme sont des sceptiques dont l'action n'est pas inscrite dans leur carrière de scientifique. Ils forment des maquis de francs-tireurs, certains ont acquis une force de frappe considérable.

Le plus célèbre de ces maquis est sans conteste le site internet Climate Audit, créé par Steve McIntyre. Dans la communauté des sceptiques, le prestige de McIntyre est immense. Le plus haut fait d'armes de cette figure du scepticisme est d'avoir, avec Ross

1. Mentionnons aussi un rapport de la minorité sénatoriale américaine *(Minority Report)* qui donne une liste détaillée de déclarations de nombreux scientifiques sceptiques liés aux sciences du climat. Régulièrement mis à jour au gré des soutiens de plus en plus nombreux reçus par le camp sceptique, il contient aujourd'hui plus de sept cents noms.

McKitrick (université de Guelph), démystifié la célèbre « courbe en crosse de hockey », qui fut longtemps un emblème du carbocentrisme conquérant *(voir chapitre 2)*. « Changeant subitement les drapeaux en haillons », pour reprendre les mots du poète de Waterloo, McIntyre s'est fait une spécialité de décortiquer données et programmes informatiques utilisés par les carbocentristes. C'est peu dire que ces derniers redoutent comme la peste les incursions des infatigables hordes d'informaticiens à la solde de Climate Audit, hordes qui ne craignent pas de se lancer à l'assaut des dizaines de pages de programmes remplies d'arides lignes de code pour en débusquer les nombreuses failles qui rendent si souvent caduques les conclusions de leurs concepteurs.

Un second maquis sceptique, dont la notoriété a rejoint celle du précédent, est le site internet Watts Up With That, d'Anthony Watts. Cet ancien présentateur de la météo à la télévision a notamment lancé en 2007 la campagne SurfaceStations consistant à rassembler toutes les données possibles sur la localisation exacte des stations météo utilisées pour calculer la moyenne des températures aux États-Unis. Aidé de ses troupes qui écument joyeusement le pays armées de leurs appareils photo, c'est avec un humour souvent explosif qu'il fait régulièrement voler en éclats quantité d'affirmations erronées issues de l'utilisation des données délivrées par ces stations *(voir chapitre 3)*.

Les coups de boutoir de l'armée des sceptiques n'ont pas encore entamé l'affichage des certitudes carbocentristes. Ce n'est pourtant plus guère qu'une question de temps, tant les signes avant-coureurs d'un retournement se font de plus en plus nets. Si le carbocentrisme tient encore ses places fortes les plus visibles, il a en revanche irrémédiablement perdu ses positions les plus vitales. La science se dérobe sous ses pieds. La Terre refuse de se plier à ses prévisions. La chance elle-même, qui l'a un temps servi, semble avoir changé de camp. Voilà pourquoi il me semble que le jour n'est sans doute plus très loin où, avec le poète, l'on pourra écrire sur la grande armée des carbocentristes que :

Comme s'envole au vent une paille enflammée,
S'évanouit ce bruit qui fut la grande armée.

Références bibliographiques

Un recensement de quelques-unes des déclarations ayant, selon les époques, annoncé la venue du froid ou du chaud est disponible sur internet à l'adresse http://www.businessandmedia.org/specialreports/2006/fireandice/fireandice_execsum.asp

La peur du « refroidissement global » des années 70 est exposée sur beaucoup de sites internet sceptiques, sur lesquels on peut découvrir les « unes » de journaux de l'époque sur le sujet (*Time*, *Newsweek*) ainsi que de nombreuses déclarations d'alors (voir par exemple Pensée Unique : http://www.pensee-unique.fr/betisier.html). L'une des pages du site Skyfal regroupe un ensemble de citations choisies dont plusieurs concernent cet épisode (http://skyfal.free.fr/?page_id=248).

Une analyse critique selon laquelle les climatologues n'auraient jamais adhéré à l'idée d'un refroidissement global dans les années 70 (autrement qu'à la marge) est proposée par John Fleck et William Connolley (en anglais) sur le site carbocentriste de référence RealClimate (http://www.realclimate.org/index.php/archives/2008/03/the-global-cooling-mole/langswitch_lang/fr). Une version plus détaillée se trouve dans un texte en anglais de Thomas Peterson, William Connolley et John Fleck, « The Myth of the 1970s Global Cooling Scientific Consensus » paru dans le *Bulletin of the American Meteorological Society*, vol. 89, n° 9, p. 1325-1337, 2008, que l'on peut consulter sur internet à l'adresse http://ams.allenpress.com/perlserv/?request=get-abstract&doi=10.1175%2F2008BAMS2370.1

Le dossier « Le Retour des grands froids » est paru dans *Ciel et Espace* n° 221, p. 20-36, 1988, la réaction d'un lecteur et la réponse de la rédaction dans le n° 224, p. 5, 1988.

Les rapports du GIEC (IPCC en anglais) sont disponibles sur son site (http://www.ipcc.ch/), qui contient plusieurs éléments de documentation en français.

La citation de David Evans figure dans un texte sur lequel nous reviendrons, « My Life with the AGO and Other Reflections » *(voir référence aux notes bibliographiques du chapitre 6)*.

La reconnaissance par William Schlesinger du fait que seulement 20 % des membres du GIEC sont des scientifiques du climat peut être entendue, en anglais, sur la vidéo qui se trouve sur internet à l'adresse http://

www.youtube.com/watch?v=08hd141-Hac (la phrase est prononcée à 3 min 35 s).

Le texte (traduit en anglais) dans lequel Yuri Izrael, vice-président du GIEC et membre de l'Académie russe des sciences, a exprimé son scepticisme sur l'affaire du réchauffement climatique peut être consulté sur le site internet Ria Novosti à l'adresse http://en.rian.ru/analysis/20050623/40748412.html

Notre revue des troupes sceptiques n'est, nous l'avons dit, que très partielle. Le lecteur qui souhaite avoir une vision plus complète et plus précise pourra notamment consulter le site Pensée Unique de Jean Martin *(voir adresse ci-dessous)*, sur lequel se trouve une liste impressionnante de chercheurs renommés qui se sont exprimés en faveur du camp sceptique (le présent chapitre lui est très redevable à cet égard).

Voici une liste de quelques sites internet sceptiques et scientifiques de référence (les sites précédés d'un astérisque sont francophones, les autres sont anglophones) :

Joseph D'Aleo (dir.), icecap, http://icecap.us/index.php

William Briggs, http://wmbriggs.com/

John Brignell, Number Watch, http://www.numberwatch.co.uk/

CO_2 Science, http://www.co2science.org/

Friends of Science, http://www.friendsofscience.org/

Jeff Id, The Air Vent, http://noconsensus.wordpress.com/

Lucia Liljegren, The Blackboard, http://rankexploits.com/musings/

*Jean Martin, Pensée Unique, http://www.pensee-unique.fr/

Warren Meyer, Climate Skeptic, http://www.climate-skeptic.com/

Steve McIntyre, Climate Audit, http://www.climateaudit.org/

Patrick Michaels (dir.), World Climate Report, http://www.worldclimatereport.com/

*Charles Muller, Climat Sceptique, http://climat-sceptique.over-blog.com/

Roger Pielke (dir.), Climate Science, http://climatesci.org/

*Skyfal, http://skyfal.free.fr/

*Robert Vivian, Le Glacioweb, http://virtedit.online.fr/glacioweb.html

Anthony Watts, Watts Up With That ? http://wattsupwiththat.wordpress.com/

La citation d'Édouard Bard est extraite de son article intitulé « Les humeurs du soleil changent notre climat », *La Recherche* n° 352, avril 2002.

La lettre de Christopher Landsea (en anglais) expliquant sa démission du GIEC a été rendue publique sur internet (http://www.lavoisier.com.au/papers/articles/landsea.html).

Une interview de Marcel Leroux est disponible sur le site internet Dailymotion (http://www.dailymotion.com/video/x33184_marcel-leroux-climatologue-non-peop_tech). Le site du laboratoire de climatologie, risques, environnement où exerçait Leroux contient également des éléments intéressants sur la méthodologie de la climatologie (http://lcre.univ-lyon3.fr/climato/rechercheclimat.htm). Signalons aussi son ouvrage, coécrit avec Jacques Comby, *Global Warming – Myth or Reality : The Erring Ways of Climatology*, paru chez Springer en 2005.

Une requête explicite adressée (en anglais) au GIEC par Syun Akasofu peut être consultée en intégralité sur internet (http://icecap.us/images/uploads/REQUEST_TO_THE_IPCC.pdf). Une traduction française est disponible sur le site Skyfal (http://skyfal.free.fr/?p=189).

Sur le site Pensée Unique est disponible, entre beaucoup d'autres choses, une traduction française d'un contre-rapport du NIPCC (le « Non-GIEC ») piloté par Frederic Singer (la version originale se trouve à l'adresse http://heartland.temp.siteexecutive.com/pdf/22835.pdf).

Le numéro de juillet 2008 de *Physics & Society*, dans lequel est paru l'article de Christopher Monckton, peut être consulté sur internet (http://www.aps.org/units/fps/newsletters/200807/upload/july08.pdf). La polémique qu'a entraînée la publication de cet article peut également être suivie (en anglais) sur internet (http://www.webcommentary.com/aps.htm). Signalons notamment le soutien apporté à Monckton par Roger Cohen : (http://scienceandpublicpolicy.org/images/stories/papers/commentaries/Roger_Cohen-On_IPCCs_view_of_AGW.pdf). La lettre des physiciens adressée au Sénat américain, ainsi que la liste des signataires, est disponible à l'adresse internet http://tinyurl.com/lg266u

L'action engagée par des physiciens auprès des membres de l'APS est détaillée à cette adresse http://bishophill.squarespace.com/blog/2009/12/5/more-cracks-in-the-facade.html

L'article de Rudy Baum (Société américaine de chimie) du 22 juin 2009 est paru dans *Chemical and Engineering News* (voir http://pubs.acs.org/cen/editor/87/8725editor.html), les commentaires, parfois très virulents, se trouvent à l'adresse http://pubs.acs.org/cen/letters/87/8730letters.html

La conférence de Vincent Courtillot donnée à Nantes se trouve en intégralité sur le site de l'université, à l'adresse http://www.js.univ-nantes.fr/14918022/0/fichepagelibre/&RH=JSFR1

La pétition initiée par Frederick Seitz peut être consultée sur internet à l'adresse http://www.petitionproject.org/

Le rapport de la minorité sénatoriale américaine qui reprend les déclarations de nombreux scientifiques sceptiques est disponible à l'adresse internet http://epw.senate.gov/public/index.cfm?FuseAction=Files.View&FileStore_id=83947f5d-d84a-4a84-ad5d-6e2d71db52d9

Signalons enfin le documentaire désormais classique de Martin Durkin *The Great Global Warming Swindle*, qui peut être vu en version anglaise sous-titrée en français sur le site Google Video (http://video.google.fr/videoplay?docid=-4123082535546754758). Après sa diffusion en 2007 sur la chaîne de télévision britannique Channel 4, ce documentaire sceptique a été la cible de plusieurs plaintes déposées auprès de l'Ofcom, l'Office britannique de régulation des télécommunications. Le texte original (en anglais) de ces plaintes figure sur un site spécialement dédié (http://www.ofcomswindlecomplaint.net/). Le jugement de l'Ofcom, qui a démoli l'essentiel des accusations à l'encontre du documentaire, est paru dans son bulletin n° 114, qui peut être consulté en intégralité sur le site officiel de l'Ofcom (http://www.ofcom.org.uk/tv/obb/prog_cb/obb114/). Notons qu'une analyse très pertinente de ce jugement a été donnée par McIntyre sur son site (http://www.climateaudit.org/?p=3328). Une traduction française de cette analyse figure en annexe de la traduction d'un texte (par ailleurs très intéressant et sur lequel nous reviendrons au chapitre 6) de Lindzen sur la climatologie contemporaine, publiée sur le site Pensée Unique. Un débat (en anglais) organisé par la chaîne de télévision australienne ABC autour du film de Durkin se trouve sur le site YouTube (http://fr.youtube.com/watch?v=lIjGynF4qkE). Comme il arrive souvent lors d'entretiens avec des sceptiques du climat, le journaliste qui interviewe Durkin fait montre d'une louable précision dans ses critiques sans concession, précision dont on ne peut qu'espérer qu'elle finisse un jour par s'exercer avec la même acuité envers les tenants du carbocentrisme.

Le présent ouvrage dispose d'un site compagnon, à l'adresse http://lemytheclimatique.wordpress.com/ (Ce site est prévu pour être prochainement hébergé par le site Skyfal, à l'adresse http//skyfal.free.fr).

CHAPITRE 2

Grandeur et misère d'une courbe

> … s'il avait été contraire au droit de domination de quelqu'un […] que *les trois angles d'un triangle fussent égaux aux deux angles d'un carré*, cette doctrine aurait été, sinon débattue, du moins réprimée par un autodafé de tous les livres de géométrie […]
>
> Thomas Hobbes, *Léviathan*, 1651

Il est douteux que Thomas Hobbes ait imaginé que ce passage du *Léviathan* pourrait se révéler prophétique, que tout un pan des mathématiques serait un jour réellement contesté et disputé par des personnes aux intérêts contraires. Avec la polémique autour de la « courbe en crosse de hockey », l'inventif scénario du philosophe anglais du XVIIe siècle est pourtant devenu réalité. Cette controverse aujourd'hui finissante est l'une des plus épiques. Elle est de celles sur lesquelles les historiens des sciences auront bien des choses à dire lorsque le temps aura permis d'en clarifier certains points.

La douce époque médiévale

Jusque dans les années 90, la communauté scientifique voyait l'histoire de la température de la Terre sous la forme d'une courbe ressemblant à celle-ci, tirée du premier rapport du GIEC, publié en 1990 (figure 7.1c).

Cette courbe schématise ce qui était alors accepté comme description générale de l'évolution de la température de la Terre durant le dernier millénaire. Les années (*Year*) y sont représentées sur l'axe horizontal, tandis que l'anomalie de température (*Temperature Change*), c'est-à-dire l'écart avec une température de référence conventionnelle, figure sur l'axe vertical. (Étrangement, l'axe vertical des températures n'a pas d'échelle clairement indiquée.)

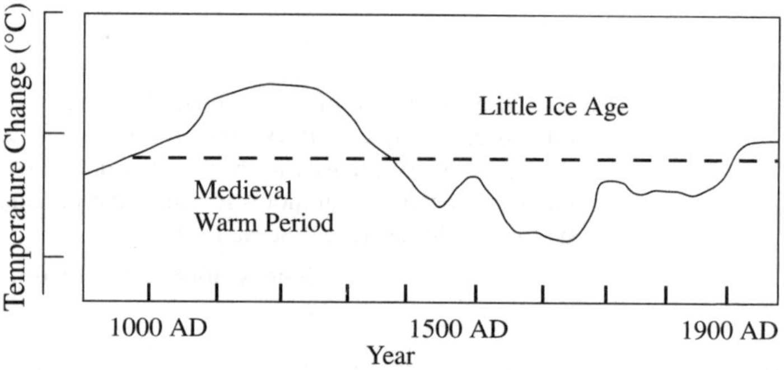

Pour obtenir une courbe de ce genre, le principe général consiste à reconstituer l'évolution de la température en différents points du globe et à différentes époques, pour ensuite faire une moyenne pour chacune de ces époques. Comme on s'en doute, il s'agit d'un travail délicat, impliquant des techniques extrêmement fines *(voir chapitre 3).*

L'histoire de cette courbe du premier rapport du GIEC est assez obscure. Il semble qu'elle ait été dessinée, sans doute un peu hâtivement, à partir d'un article de Hubert Lamb écrit en 1965 et qui ne concernait en fait que les températures du centre de l'Angleterre. La valeur scientifique de cette courbe peut donc être mise en question, mais il n'en reste pas moins qu'elle montre ce que pouvait être l'avis général de la communauté scientifique en 1990 sur la question de la température globale du dernier millénaire.

Un simple coup d'œil montre que cette courbe ne va guère dans le sens d'un quelconque alarmisme climatique. Deux périodes attirent spécialement l'attention. La première, l'« Optimum médiéval » (*Medieval Warm Period*), englobe les XIIe et XIIIe siècles et correspond aux températures les plus élevées du millénaire. La seconde, le « Petit Âge glaciaire » (*Little Ice Age*), où les températures ont été les plus basses des mille dernières années, concerne notamment les XVIe et XVIIe siècles. La période actuelle, elle, ne se distingue en rien.

La conclusion qui découle de cette courbe représentative de l'esprit général du milieu scientifique des années 90 est assez claire : nous vivons un épisode climatique tout à fait quelconque. Quand bien même un réchauffement serait-il provoqué par l'homme que cela n'y changerait pas grand-chose : la température actuelle n'a pas encore rejoint celle de l'Optimum médiéval, qui n'a aucune raison de constituer une quelconque limite à ne pas dépasser.

Quand la foudre frappe

Jusqu'à la fin des années 90, la théorie d'un réchauffement climatique d'origine humaine bute contre l'Optimum médiéval et le Petit Âge glaciaire. Sans la réfuter à proprement parler, ces périodes climatiques affaiblissent considérablement le carbocentrisme. Les choses se retournent brutalement en 1998, date à laquelle Michael Mann (université du Massachusetts) et deux collaborateurs, Raymond Bradley (idem) et Malcolm Hughes (université de l'Arizona), publient une étude qui fait l'effet d'un coup de tonnerre. Celle-ci propose une nouvelle reconstitution de l'évolution de la température globale qui fait disparaître d'un trait de courbe l'Optimum médiéval aussi bien que le Petit Âge glaciaire. Cette nouvelle courbe est complétée un an plus tard pour reconstituer les températures de l'hémisphère Nord ; l'une des versions publiées par le GIEC dans son rapport de 2001 est la suivante (voir page suivante).

Cette courbe qui représente la température globale en fonction du temps n'a plus rien à voir avec celle de 1990. Cette fois, en effet, la tendance séculaire est d'abord à un très léger refroidissement (de l'ordre de deux centièmes de degré par siècle), jusqu'à une cassure impressionnante au milieu du XIXe siècle, qui annule en quelques décennies seulement le refroidissement des huit siècles antérieurs.

Et ce réchauffement brutal se poursuit, inexorable, durant tout le XXe siècle : la « courbe en crosse de hockey » est née.

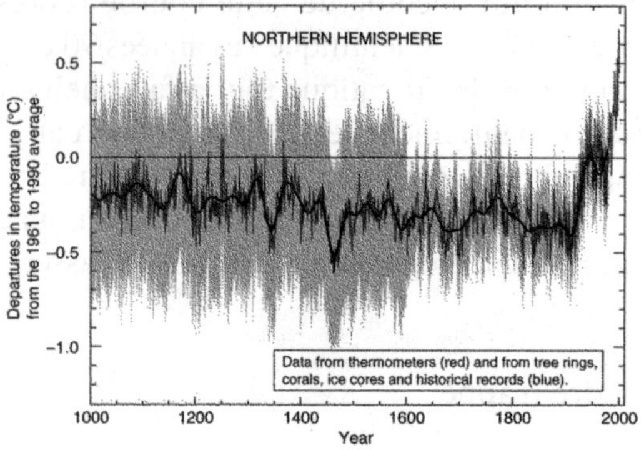

À lire cette courbe, l'épisode climatique actuel est remarquable par son ampleur et sa rapidité. Il ne semble pouvoir s'expliquer que par un facteur différent de ceux ayant régi le climat des siècles passés. L'Optimum médiéval et le Petit Âge glaciaire ont disparu, cantonnés qu'ils sont désormais au rôle de simples événements régionaux.

Dans le contexte des années 90, la courbe de Mann *et al.* arrive comme une confirmation éclatante de la théorie attribuant à l'homme une influence préoccupante sur le climat de la planète. Le succès de cette courbe est immédiat. « MBH98 », l'article de recherche de Mann, Bradley et Hughes qui lui a donné naissance en 1998, ainsi que son complément paru un an plus tard, « MBH99 », deviennent des éléments clés de l'argumentaire carbocentriste. Le troisième rapport du GIEC, qui paraît en 2001, reproduit pas moins de six fois la fameuse crosse de hockey. Les médias se délectent de cette courbe à la forme et à la présentation aussi frappante. Comment ne pas être saisi par la netteté de la tendance qui se dégage ? Décharge électrique, cette courbe à la brutale ascension finale marquée de rouge est un terrible coup de foudre annonçant le pire.

Ces travaux de Mann *et al.* ont très vite fait l'unanimité, bien que leurs conclusions bousculent profondément les idées admises sur le climat passé de la planète[1]. Il faut dire que, du point de vue strictement académique, la lecture de « MBH98 » a de quoi impressionner. Publié par la revue spécialisée *Nature*, en général considérée comme la plus prestigieuse du monde, l'article présente une vaste synthèse de données extrêmement variées sur les températures du passé de tous les coins du globe. Les données, expliquent les auteurs, « ont été collectées et étudiées par un grand nombre de paléoclimatologues », ajoutant qu'elles contiennent des éléments issus aussi bien de l'analyse d'arbres multicentenaires que de carottes glaciaires ou de coraux, ainsi que, bien entendu, d'un grand ensemble de mesures directes de températures telles qu'elles se pratiquent dans les stations météorologiques de diverses parties du monde depuis plus d'un siècle. La courbe en crosse de hockey constitue le bilan de cette vaste opération de collecte et d'analyse.

Premières escarmouches

Le bilan semble sans appel : le climat change depuis un siècle, et aucun facteur naturel ne permet de comprendre pourquoi. Le « forçage anthropique », c'est-à-dire l'action de l'homme, est le seul moyen qui permet d'expliquer l'allure de la courbe. La variété des sources et la haute technicité du fameux article « MBH98 » semblent asseoir cette affirmation sur des bases claires et irréfutables.

Mais le diable se cache dans les détails, et c'est par un petit bout de sa queue fourchue qu'il va finalement être débusqué.

Nous sommes au printemps 2003. Steve McIntyre, un homme d'affaires canadien dont l'essentiel de la carrière s'est déroulé auprès de compagnies minières, décide de s'intéresser en amateur aux aspects techniques ayant produit la crosse de hockey. La queue du diable se

1. Dans son second rapport de 1995, le GIEC exprimait toutefois déjà des réserves sur le caractère global de l'optimum médiéval.

révèle à lui par une série de données utilisée par Mann et manifestement erronée. Il entreprend alors un « audit » de la fameuse étude pour en comprendre les ressorts, s'adjoignant pour cela la collaboration de Ross McKitrick, un économiste de l'université de Guelph (Ontario).

L'alliance des deux Canadiens se révèle explosive. En quelques mois, ils dissèquent l'ensemble des données exploitées dans « MBH98 », pour finalement en dresser un bilan accablant : séries tronquées ou au contraire arbitrairement prolongées, erreurs de stockage des données allant du décalage temporel de l'une d'elles au « doublement » d'une autre (qui se trouve ainsi utilisée deux fois) ou au contraire fusions arbitraires et non justifiées de certaines séries, utilisation de données obsolètes, erreurs de localisation géographique… « La pluie du Maine tombe surtout dans la Seine », ironisera McIntyre en constatant qu'une série de données signalée dans « MBH98 » comme étant celle des précipitations en Nouvelle-Angleterre correspond en fait aux précipitations… à Paris ! L'article qui paraît en 2003 dans *Energy and Environment* est un réquisitoire impitoyable.

La réponse de ceux qui seront bientôt baptisés l'« équipe de hockey » ne tarde pas. Bien que contrainte à rédiger un correctif dans la revue *Nature* qui avait publié son article initial, l'équipe de Mann se défend en affirmant que, même en tenant compte des critiques de McIntyre et McKitrick, la courbe en crosse de hockey persiste à apparaître, soudée qu'elle est à la réalité climatique des siècles passés. « Aucune de ces erreurs n'affecte nos résultats précédemment publiés », assènent Mann et ses collaborateurs dans leur *corrigendum* de 2004 aussi bref que sobre.

Mais le diable est à présent sorti de sa boîte, et les quelques précisions ainsi apportées sont loin d'apaiser les ardeurs des deux Canadiens. Ces derniers, malgré des obstructions diverses, poursuivent inlassablement leur enquête. Entre autres critiques, les deux nouvelles études qu'ils publient en 2005 lèvent deux lièvres majeurs.

Le premier lièvre concerne la fiabilité de certains marqueurs de température. Par « marqueur » (en anglais *proxy*) on entend une donnée physique qui est corrélée d'une manière ou d'une autre à une grandeur physique (ici, donc, la température). Depuis le début du XXe siècle, notamment sous l'impulsion de Douglass *(voir prologue)*, les chercheurs s'intéressent au marqueur que constituent les cernes de certains types d'arbres. Tout le monde sait que le nombre de cernes donne l'âge de l'arbre. Ce qu'on sait moins, mais qui n'a rien d'étonnant, c'est que la largeur de chaque cerne dépend des conditions extérieures : plus elles sont favorables, plus le cerne est large, témoignant ainsi de la vigueur de l'arbre à la période concernée. C'est ainsi qu'à un cerne large peut correspondre une température bien adaptée aux besoins vitaux de l'arbre durant l'année où ce cerne est apparu, tandis qu'un cerne plus étroit suggère une température différente. Bien entendu, d'autres facteurs que la température jouent aussi un rôle, comme l'humidité, l'ensoleillement, la teneur de l'atmosphère en gaz carbonique (l'aliment premier des végétaux) ainsi que l'âge de l'arbre. Tout le problème consiste donc à déterminer ce qui, dans une série donnant la taille des cernes d'un arbre, est la marque d'un changement de température. Peut-on le faire en confiance ? McIntyre et McKitrick affirment que non pour au moins deux espèces d'arbres dont la taille des cernes est utilisée par l'équipe de Mann : des thuyas d'Occident (*Thuja occidentalis*), de Gaspé (Québec) et, surtout, des pins Bristlecone (*Pinus longaeva*). Selon eux, « la validité de [la taille des cernes des pins Bristlecone] comme marqueur de température n'a pas été établie », du moins de façon indépendante et selon les normes scientifiques ordinaires. À l'appui de leur affirmation, ils citent même le troisième auteur de « MBH98 », Hughes, qui, dans une autre publication parue en 2003, convient que la croissance anormalement élevée de l'épaisseur des cernes des pins Bristlecone au XXe siècle est un « mystère ».

Ainsi donc, il serait abusif de prendre les données issues de ces deux espèces d'arbres pour tenter des reconstructions de température, dans la mesure où l'on en sait encore trop peu sur la corrélation éventuelle entre celle-ci et son supposé marqueur. La critique est pertinente, au point que, dans leurs travaux ultérieurs, Mann et ses partisans n'auront de cesse de diminuer l'importance de ce genre de marqueur, dont d'autres études montrent par ailleurs de plus en plus les limites[1].

L'objection peut cependant sembler mineure dans la mesure où elle ne porte que sur quelques séries d'une étude qui en englobe plus d'une centaine. Vu de loin, l'impact de ces éventuelles séries défectueuses devrait être minime : les enlèverait-on que la courbe finale serait sans doute très peu modifiée. Tel serait en effet le cas si la courbe en crosse de hockey était le résultat d'une simple moyenne de toutes les séries. Mais les auteurs de « MBH98 » n'effectuent pas une opération aussi brutale, qui n'aurait eu qu'une très faible valeur statistique.

Il faut avoir à l'esprit que les données ne présentent pas une forme suffisamment homogène pour que l'on puisse se contenter d'une simple moyenne : variations locales ou saisonnières du climat, imprécision des mesures et des relevés, lien parfois ténu des différents marqueurs avec la température… tout cela fait que l'ensemble, loin de constituer un tout cohérent, montre des tendances partiellement contradictoires. Pour mettre de l'ordre dans des données aussi disparates, il est nécessaire d'avoir recours à des mathématiques plus sophistiquées qu'un simple calcul de moyenne. La technique employée par Mann et ses collaborateurs a été l'« analyse en composantes principales », connue et développée par des mathématiciens depuis le début du XXe siècle. C'est en décortiquant la mise en œuvre de cette technique dans « MBH98 » que McIntyre et McKitrick ont levé leur second lièvre.

1. Les reconstructions de température du XXe siècle montrent même que la corrélation entre température et taille des cernes de certains arbres est parfois inverse de celle attendue. Craig Loehle (Conseil national américain sur la qualité de l'air et des rivières – NCASI) a publié en 2008 dans la revue *Climatic Change* une analyse mathématique du problème ; sa conclusion est que, à partir des cernes d'arbres, « il est impossible de comparer les récentes décennies chaudes avec d'autres époques ».

L'analyse en composantes principales

S'il existait un marqueur de température parfait, il suffirait d'effectuer une conversion pour reconstituer les températures du passé, et les choses seraient simples. Malheureusement, tel n'est pas le cas. L'on est donc conduit à croiser les informations de différents marqueurs, tous imparfaits.

Imaginons que nous disposions de deux marqueurs. Pour tenter de reconstituer une courbe de température à partir d'eux, on utilise une représentation graphique dans laquelle l'un des marqueurs est en abscisse et l'autre en ordonnée. À une date donnée, les valeurs prises par chacun des deux marqueurs localisent un point.

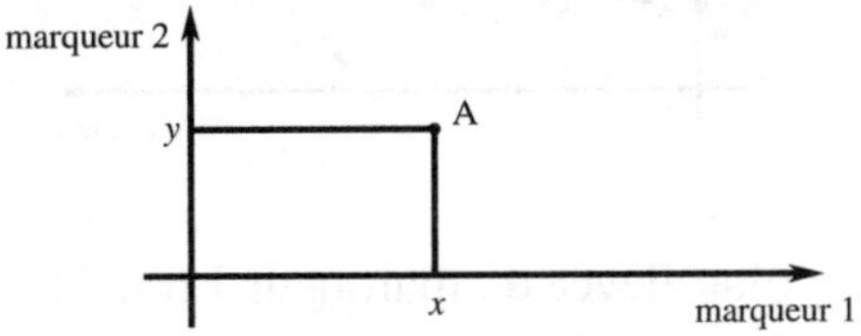

Légende : À la date considérée, la coordonnée *x* du point A donne la valeur prise par le marqueur 1, la coordonnée *y* celle prise par le marqueur 2 (ici, comme dans toute la suite, les unités sont arbitraires).

À l'aide des axes ainsi définis, plaçons dix points qui correspondent aux valeurs prises par les marqueurs pour chacun des dix derniers siècles écoulés. Les points sont nommés d'après le siècle qui leur correspond. Dans la situation idéale de deux marqueurs parfaitement corrélés à la température, nous pourrions obtenir une figure comme celle-ci.

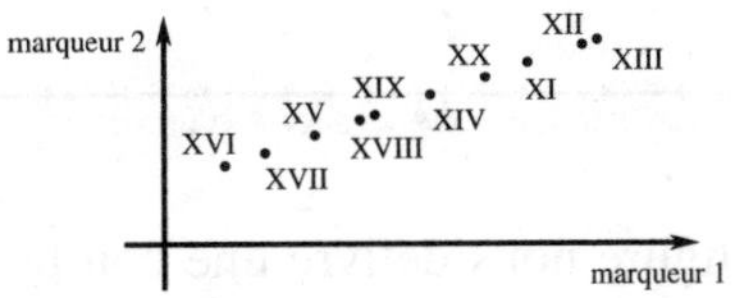

Dans cette figure, la corrélation entre les marqueurs est parfaite. Ainsi, lorsque la valeur prise par le premier marqueur est élevée, celle du second l'est aussi (comme aux XIe, XIIe et XIIIe siècles, notamment). De même, à une valeur faible du premier marqueur correspond également une valeur faible du second (voir les XVe, XVIe et XVIIe siècles). Si nos deux marqueurs sont par ailleurs parfaitement corrélés à la température, alors il est facile d'obtenir une courbe de température à partir de la figure précédente. Pour cela, traçons la droite reliant les points.

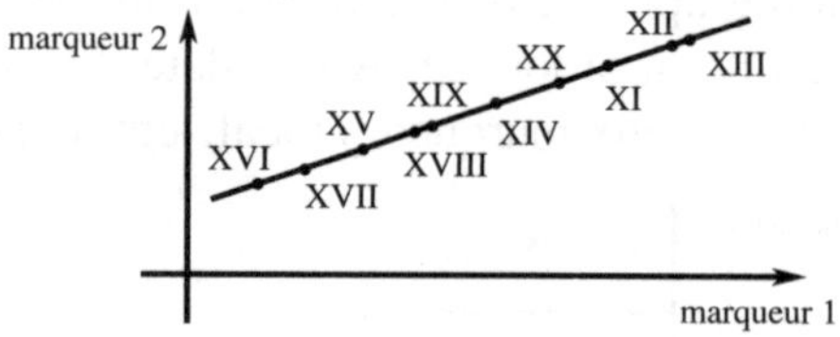

Si à une valeur plus élevée du marqueur 1 (ou du marqueur 2) correspond une température plus élevée, alors la figure indique que le classement obtenu en rangeant les siècles écoulés par ordre croissant de température est le suivant : XVIe, XVIIe, XVe, XVIIIe, XIXe, XIVe, XXe, XIe, XIIe et enfin XIIIe siècle. Disposons alors les siècles sur un axe horizontal dans l'ordre chronologique, puis plaçons à la verticale de chacun d'eux un point, de sorte que les hauteurs relatives respectent l'ordre précédent.

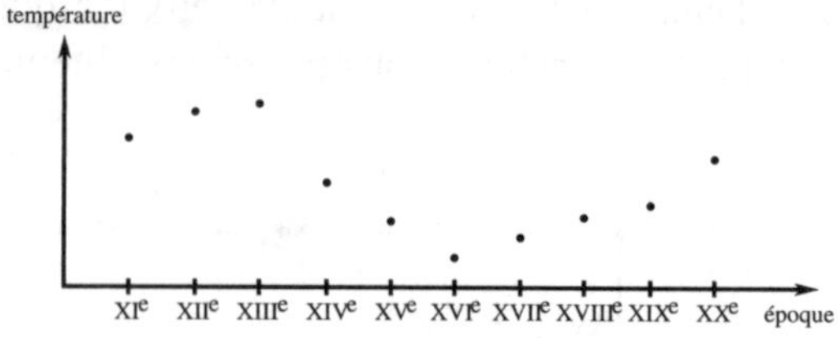

Cette nouvelle figure nous délivre une courbe de températures voisine de celle du rapport du GIEC de 1990. Observez par exemple la valeur de la température du XXe siècle, située entre celles des XIVe et XIe siècles, conformément aux positions relatives des points XX, XIV et XI sur la figure antérieure.

Malheureusement, donc, la réalité des observations ne montre jamais une corrélation parfaite entre les marqueurs. L'on doit donc plutôt s'attendre, à la place de points sagement alignés, à disposer d'un « nuage de points » qui peut ressembler à ceci.

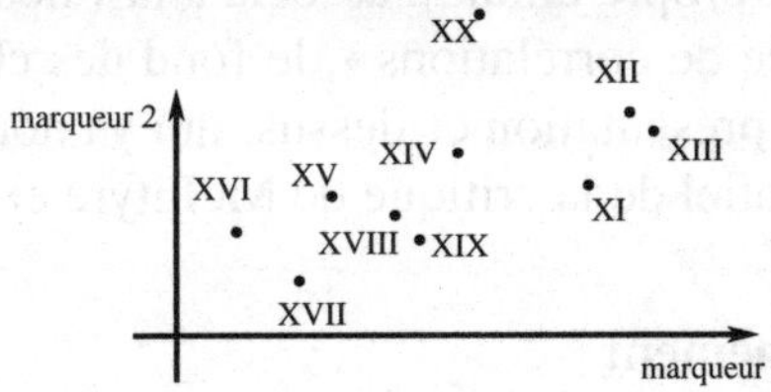

L'idée consiste alors à trouver la droite dont les points sont collectivement les plus proches. C'est cette droite qui porte le nom de « première composante principale ». Une fois celle-ci trouvée, on « écrase » dessus le nuage de points (par projection orthogonale), et l'on remplace purement et simplement les points du nuage initial par ces nouveaux points.

Détermination de la première composante principale.

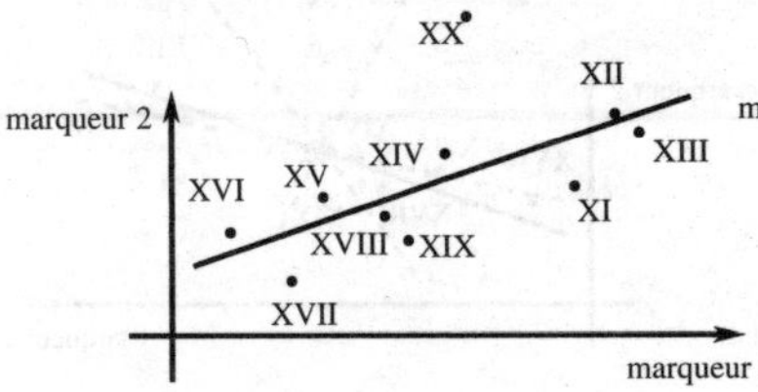

Projection des points du nuage sur la première composante principale.

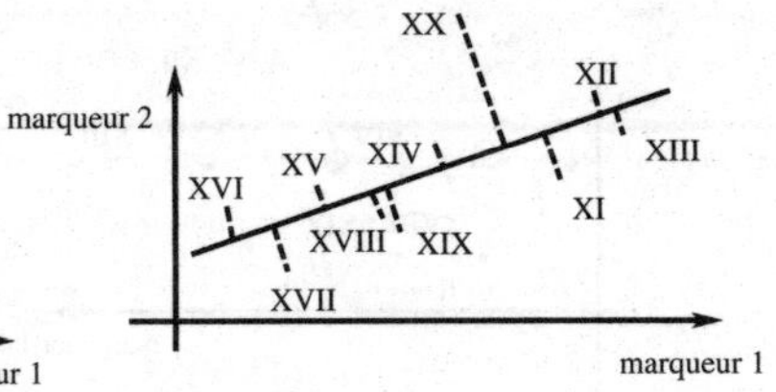

On procède ensuite comme dans une situation idéale pour donner une courbe de température. Ici, la disposition des points projetés sur la première composante principale est exactement celle de la situation idéale vue plus haut, elle conduit donc à la reconstitution des températures déjà donnée, celle qui ressemble à la figure du rapport du GIEC de 1990.

En un certain sens théorique précis, c'est en forçant de cette manière l'alignement des points que l'erreur commise est la plus limitée : la courbe de température qui s'en déduit est « la moins mauvaise possible » compte tenu de l'incohérence partielle entre les données des différents marqueurs.

Même si un statisticien professionnel voit plutôt ce qui précède en termes de « vecteur propre unitaire associé à la valeur propre dominante d'une matrice de corrélations », le fond des choses n'est pas très différent de la présentation ci-dessus, qui va nous permettre de comprendre l'essentiel de la critique de McIntyre et McKitrick.

La quête de l'alignement

Pour trouver la première composante principale d'un nuage de points, on procède en pratique en deux étapes. La première consiste à localiser le « centre de gravité » du nuage de points. De manière informelle, il s'agit du point le plus central du nuage, celui qui permet d'en équilibrer les masses (chaque point du nuage étant, par exemple, supposé peser un gramme). Cette première étape est appelée « centrage ». Son intérêt s'explique par un théorème qui indique que la première composante principale passe toujours par le centre de gravité des points.

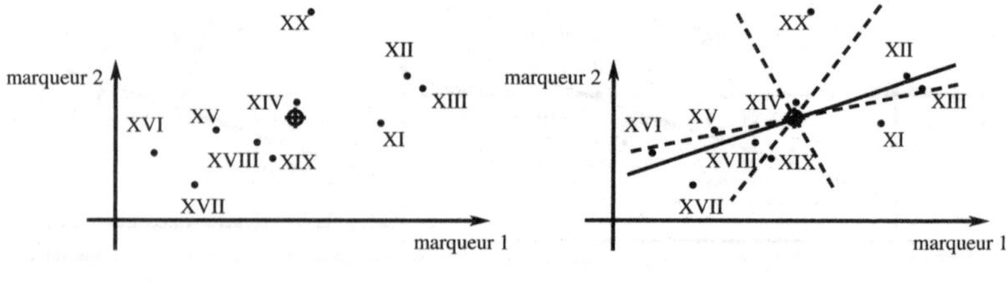

Étape 1 (centrage)
Localisation du centre de gravité (⊕) du nuage de points.

Étape 2
Détermination de la première composante principale parmi toutes les droites passant par le centre de gravité.

La seconde étape consiste alors à choisir, parmi toutes les droites passant par le centre de gravité, celle qui est la plus proche d'aligner les points du nuage : cette droite est précisément la première composante principale. L'une comme l'autre de ces deux étapes s'effectue à l'aide d'outils classiques de l'algèbre.

Bien que l'article original ne le mentionne pas, l'étape de centrage dans « MBH98 » ne s'effectue pas de cette manière, pourtant de très loin la plus courante. À la place, les auteurs effectuent un « centrage partiel » en considérant le centre de gravité non pas du nuage de points tout entier, mais de la partie du nuage composée des points correspondants aux périodes les plus récentes. L'explication de ce choix est que nous disposons de mesures plus fiables pour ces périodes-là. Centrer sur les données les plus sûres augmente donc, estiment les auteurs, la qualité de leur reconstruction.

Quel est l'effet d'une telle modification ? Voyons-le sur notre exemple fictif. Dans celui-ci, nous considérons le centre de gravité des seuls points XIX et XX, puis nous cherchons laquelle, parmi toutes les droites passant par ce « centre de gravité partiel », aligne le mieux les points du nuage entier[1].

Détermination de la première composante principale « partielle » :

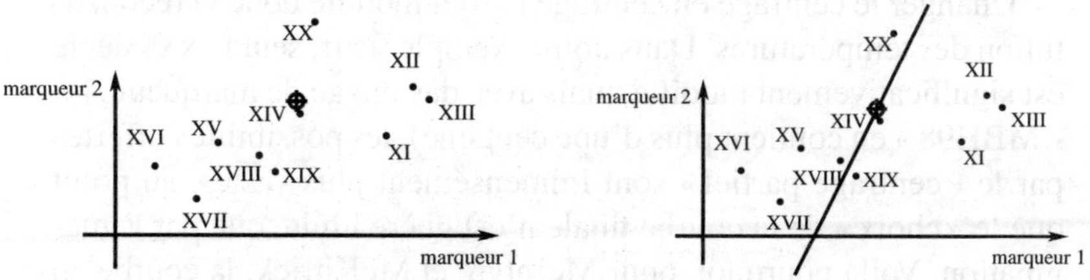

Étape 1 (centrage partiel)
Localisation du centre de gravité (⊕) des points XIX et XX.

Étape 2
Détermination de la première composante principale « partielle »

1. Par souci de rendre aussi apparent que possible le phénomène en jeu, le tracé est ici un peu forcé.

Reconstitution de la courbe de température :

Projection orthogonale des points sur la première composante principale « partielle »

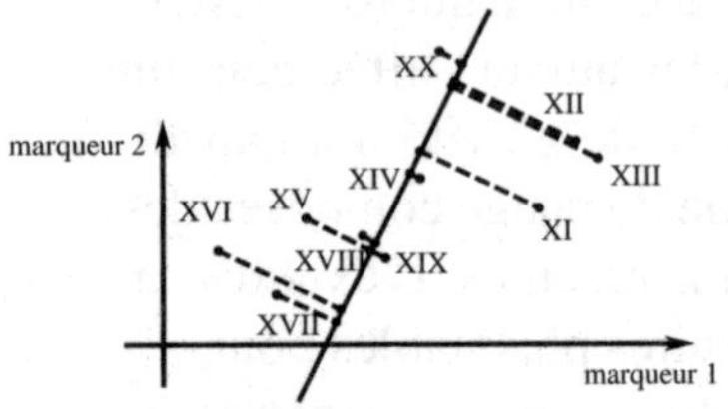

Construction de la courbe de température à l'aide des positions relatives des points projetés sur la première composante principale « partielle »

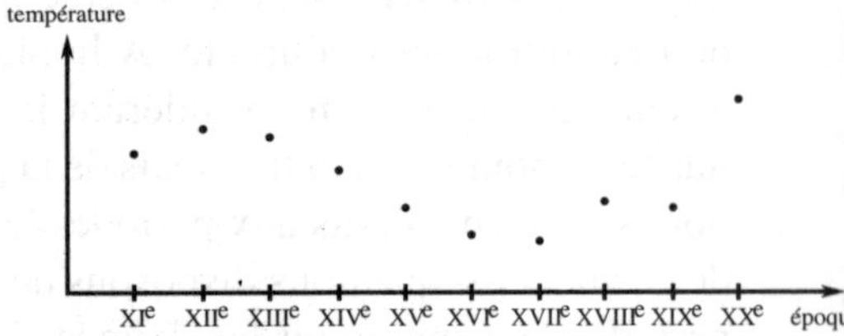

Parce que le centrage de la première étape n'a été que partiel, la première composante principale trouvée n'est pas la même que dans le cas du centrage ordinaire. L'effet de cette modification est que la courbe finale, qui reconstitue les températures à partir de cette première composante principale « partielle », montre un XXe siècle désormais plus chaud que les XIe, XIIe et XIIIe siècles : la crosse de hockey vient de pointer le bout de son nez !

Changer le centrage en centrage partiel modifie donc la reconstitution des températures. Dans notre exemple fictif, seul le XXe siècle est significativement modifié, mais avec davantage de marqueurs (et « MBH98 » en contient plus d'une centaine), les possibilités offertes par le « centrage partiel » sont immensément plus vastes, au point que le « choix » de la courbe finale n'est guère limité que par l'imagination. Voilà pourquoi, pour McIntyre et McKitrick, la courbe en crosse de hockey n'est rien d'autre que le résultat de l'application d'une méthode incorrecte.

Une étrange persistance

Pourquoi est-ce la courbe en crosse de hockey qui apparaît dans « MBH98 » et non une autre courbe ? En appliquant l'analyse en composantes principales « partiellement centrée » de « MBH98 » à des nuages de points choisis de façon aléatoire [1], McIntyre et McKitrick montrent que les liens entre centrage partiel et crosse de hockey n'ont rien de fortuit : sur les dix mille simulations qu'ils effectuent, une crosse de hockey apparaît pour ainsi dire toujours ! L'explication générale est que le centrage partiel a pour effet de séparer artificiellement les périodes récentes des plus anciennes. Le déséquilibre des rôles dans le « centrage partiel » fait que les périodes plus anciennes en viennent à former un ensemble de données qui ne peuvent plus réellement être distinguées (d'où la stabilité des températures jusqu'au milieu du XIXe siècle que montre la crosse de hockey), tandis que les périodes récentes sont en quelque sorte forcées de s'en détacher, créant cette pente finale caractéristique de la crosse de hockey. Cette pente peut *a priori* être orientée aussi bien dans un sens que dans l'autre. Les simulations de McIntyre et McKitrick produisent des crosses de hockey tournées parfois vers le haut (comme celle de « MBH98 ») et parfois vers le bas, les deux types de crosse apparaissant à peu près aussi souvent l'un que l'autre.

C'est pour expliquer pourquoi la pente qui apparaît dans la crosse de hockey de « MBH98 » est aussi forte que nous retrouvons les pins Bristlecone et les thuyas d'Occident dont il a été question plus haut, ceux dont les cernes ont connu au XXe siècle une croissance inexpliquée. Si, dans notre exemple simplifié, ces cernes constituent notre second marqueur de température, alors le point XX se trouve placé excessivement haut (c'est ce qui a été fait pour le nuage de points de l'exemple précédent), c'est-à-dire que la croissance des cernes

---

1. C'est-à-dire qui possèdent les caractéristiques statistiques d'un signal ne montrant pas de tendance particulière (techniquement, on parle de « bruit rouge »).

« tire » la température exagérément vers le haut. Puisque c'est précisément au XXe siècle que le centrage partiel accorde une importance particulière (ainsi qu'au XIXe dans l'exemple), l'effet de cette anomalie sur l'allure de la première composante principale « partiellement centrée » est très important, forçant la crosse à se tourner résolument vers le haut avec un virage très marqué. Du point de vue technique, la version « partiellement centrée » de l'analyse en composantes principales utilisée dans « MBH98 » a pour effet d'accorder une importance variable aux différents marqueurs (ce qui est normal) en renforçant de manière colossale celle de nos pins et de nos thuyas (ce qui ne l'est pas) : dans « MBH98 », l'une des séries, impliquant les pins Bristlecone, « pèse » ainsi près de quatre cents fois plus que d'autres séries impliquant d'autres types de marqueurs.

Une analyse plus précise ?

Mann répond à ces critiques en expliquant que le « centrage partiel » est « d'un usage bien établi dans la littérature statistique, et qu'il donne même, dans certains cas, des résultats meilleurs ». Pour appuyer ses dires, il invoque des propos de Ian Jolliffe, un spécialiste en statistiques pour la climatologie (université de Reading, Royaume-Uni) : « L'analyse en composantes principales non-centrée, rapporte Mann, est appropriée lorsque [la façon d'effectuer le centrage partiel] est déterminée pour la signification que celui-ci peut avoir *a priori* dans le problème étudié. » Et selon lui, tel est bien le cas dans « MBH98 » : puisque la période la plus récente est aussi celle pour laquelle les mesures sont les plus fiables, cette période dispose bien d'une signification particulière, qui justifie le choix de « MBH98 » de centrer sur elle et non sur l'ensemble.

Mann réplique aussi sur un autre aspect technique : le nombre de composantes principales utilisées. Celle que nous avons appelée la première composante principale (peu importe ici que le centrage ait été partiel ou non) « capte » le plus d'information pertinente pour reconstituer la température, mais cela ne signifie pas qu'il ne reste plus d'information à restituer. En effet, le fait que les points ne soient pas tous alignés n'est pas nécessairement dû à des erreurs de mesures ou à une mauvaise qualité des marqueurs : ce peut être aussi le signe que le comportement de la donnée à représenter (ici, la température) est la somme d'évolutions qui se produisent à des échelles de temps différentes. À une tendance séculaire peuvent ainsi se superposer des variations décennales ou annuelles, entre autres. La première composante principale extrait l'information portant sur la tendance la plus « profonde » (celle qui a lieu sur le plus long terme), qui peut ne pas suffire à donner un portrait précis. Aussi est-on conduit à chercher une « seconde composante principale », puis une troisième, et ainsi de suite[1].

Il n'est pas toujours facile d'être certain de la nature de l'information captée par les composantes principales successives, mais, d'une manière générale, celle-ci n'est plus guère significative au bout d'un moment. Les premières composantes principales contiennent des éléments importants d'information, tandis que les suivantes sont souvent (mais pas toujours) du « bruit de fond » sans signification véritable. Une question importante est donc de savoir combien il convient de considérer de composantes principales. La réponse s'obtient en déterminant la quantité d'information véhiculée par chacune d'elles (on parle de « variance expliquée »). Le principe consiste à prendre juste assez de composantes principales pour que la somme des variances expliquées atteigne un certain seuil significatif.

Dans « MBH98 », où le centrage est partiel, les auteurs indiquent que les deux premières composantes principales suffisent. Or, selon Mann, lorsque le centrage est complet, l'information portée par les deux premières composantes principales est *inférieure* (ce qui légitime, selon lui, l'emploi d'un centrage partiel, capable de capter de l'information avec moins de calculs) ; pour atteindre un degré d'information

1. Pour que la recherche de composantes principales successives ait du sens, il faut, contrairement à notre exemple, que le nuage de points considéré soit placé dans un espace contenant plus de deux paramètres.

comparable avec la méthode centrée ordinaire, il calcule qu'il faut prendre les cinq premières composantes principales, et non seulement les deux premières comme le font McIntyre et McKitrick dans leur critique. Fusionnées comme il convient, les parties d'informations délivrées par chacune de ces cinq composantes principales ressuscitent la crosse de hockey.

C'est, comme souvent, avec humour que McIntyre réplique. Il applique les propos de Mann à des données cette fois tirées de cours boursiers, qu'il mélange à un petit nombre de données issues de cernes d'arbres montrant des crosses de hockey. Bilan : la « reconstruction » finale restitue fidèlement la fameuse crosse, et les données issues des cernes d'arbres sont pratiquement les seules à disposer d'un rôle significatif dans la courbe ainsi obtenue. Mieux : des tests de fiabilité statistique « révèlent » même que cette nouvelle crosse est encore plus fiable pour l'histoire des températures que celle obtenue en n'utilisant que des données issues de « MBH98 » ! À l'heure actuelle, cette passe d'armes, qui s'est déroulée sur internet, en est là, Mann n'ayant pas répondu à McIntyre sur ce point.

Le rapport Wegman

Pour tirer au clair toutes ces questions, un comité indépendant *ad hoc* est finalement créé aux États-Unis sous la direction d'un statisticien, Edward Wegman (université George Mason). Parallèlement, l'Académie des sciences américaine met elle aussi en place un groupe d'étude.

Publié en juillet 2006, le verdict du rapport Wegman est net et sans appel. Il confirme intégralement les analyses de McIntyre et McKitrick, sans la moindre pitié pour la crosse de hockey de Mann et ses collaborateurs. Reprenant à son compte les critiques des deux Canadiens, il met en pièces l'analyse en composantes principales « partiellement centrée » utilisée dans « MBH98 ». Il met également en lumière l'existence d'une forme de « fratrie » unissant Mann à de nombreux chercheurs du même domaine et souligne que les publications présentées comme indépendantes qui reproduisent elles aussi la crosse de hockey ont pour la plupart été menées par des chercheurs très proches de Mann, et qui ont souvent largement puisé dans les mêmes données et la même méthodologie que « MBH98 »[1].

L'Académie des sciences américaine délivre un verdict tout à fait similaire. La seule nuance qu'on y trouve, donnée d'ailleurs sans argument, est que, même si l'analyse de « MBH98 » est fausse, sa conclusion pourrait être correcte. À la déposition qu'il fera au Congrès américain peu après la publication de son rapport, Wegman déclarera non sans pertinence : « Je suis sidéré par l'affirmation qu'une méthode incorrecte n'est pas un problème parce que la conclusion est juste de toute façon. Une méthode fausse avec une réponse juste n'est que de la mauvaise science[2]. »

Fin de partie ?

Il n'est pas possible ici de faire un compte-rendu complet de la controverse, les points de discorde qui ont été soulevés et débattus étant trop nombreux et techniques pour cela. Il aurait notamment fallu parler des critères statistiques utilisés par l'une et l'autre partie, aucune n'étant d'accord sur la pertinence de ceux utilisés par l'autre. Néanmoins, l'état actuel de l'affrontement ne laisse plus guère de

1. Le désormais fameux « Climategate » de novembre 2009 a confirmé la pertinence du rapport Wegman sur ce point. Le « Climategate » est la divulgation de plus de trois mille courriels et documents à caractère professionnel échangés par divers membres de l'Unité de recherches climatiques de l'université d'East Anglia, foyer majeur du carbocentrisme. Le ton général de bon nombre de ces courriers, qui impliquent entre autres Mann et certains de ses collaborateurs, indique sans beaucoup d'équivoque que la « fratrie » subodorée par le rapport Wegman à partir d'outils purement statistiques n'a rien d'imaginaire.

2. *I am baffled by the claim that incorrect method doesn't matter because the answer is correct anyway. The method wrong plus answer correct is just bad science.*

doute sur son issue. Signe des temps : dans le quatrième rapport du GIEC, publié en 2007, la courbe en crosse de hockey a disparu[1].

D'autres revers ont été enregistrés plus récemment par l'équipe de Mann. L'un d'eux est venu de différents sceptiques qui ont proposé diverses approches simples et claires du phénomène à l'origine de la crosse de hockey. Outre les contributions de McIntyre lui-même, mentionnons celles de David Stockwell, Luboš Motl, Lucia Liljegren, et enfin Jeff Id qui, sur son site internet The Air Vent créé en août 2008, a proposé une reconstitution précise de la mécanique à l'œuvre derrière la crosse de hockey. La clarté de ces exposés contraste avec la confusion qui règne parfois dans les explications du camp adverse. Les commentaires de divers observateurs, que ce soit ceux du rapport Wegman ou les rapporteurs chargés d'analyser les soumissions d'articles de chacun des deux camps dans les revues scientifiques, étaient déjà allés dans ce sens : « Les articles de Mann *et al.* en eux-mêmes sont écrits de manière confuse », assénait par exemple le rapport Wegman avant d'ajouter que l'exploitation des sites internet dédiés au matériel supplémentaire « repose largement sur la capacité du lecteur à réunir les travaux, la méthodologie et les données brutes [...] Dans ces conditions, il n'est pas étonnant que Mann *et al.* puissent affirmer que leur travail a été mal compris par McIntyre et McKitrick. »

Un second revers est venu de Jolliffe, le spécialiste cité par Mann lui-même pour défendre la validité de l'analyse en composantes principales « partiellement centrée ». En septembre 2008, c'est-à-dire trois ans après que son autorité a été invoquée par Mann et ses soutiens, Jolliffe apprend les propos qui lui sont prêtés. Sa réaction est catégorique : « [Mon exposé] ne souscrit absolument pas à l'analyse en composantes principales partiellement centrée [...] En outre, il se montre explicitement circonspect sur tout ce qui n'est pas [la version

1. Plus précisément, elle a été remplacée par un avatar communément désigné sous le nom de « graphe en spaghettis », nouvelle bête noire des sceptiques. Les diverses versions de ce graphe, publiées par différents auteurs (dont Mann) à partir de 2001, ont fait l'objet du tout premier texte publié par McIntyre sur son site internet, Climate Audit, le 26 octobre 2004.

centrée]. » Il ajoute que, selon lui, il peut se révéler intéressant dans certains cas, rares et spécifiques, de *ne pas centrer du tout*, mais seulement lorsque l'origine des axes de coordonnées dispose d'un sens particulier. Ce n'est clairement pas le cas dans le contexte de « MBH98 », où la valeur 0° ne marque rien de spécial. « Ma principale interrogation, ajoute encore Jolliffe, est que je ne vois pas comment interpréter les résultats produits par cette étrange manière de centrer. Quelqu'un le sait-il ? [...] J'ai vu l'argument selon lequel [le centrage ordinaire et le centrage partiel] sont simplement deux façons différentes de décrire-décomposer les données, et donc que le [centrage partiel] est bon. Mais alors, si les deux sont bonnes, quelle perversion peut bien pousser à choisir celle des deux techniques dont les résultats sont les plus difficiles à interpréter ? »

Un troisième revers s'est produit fin 2009, lorsque Keith Briffa (université d'East Anglia) a finalement, après des années de requêtes infructueuses de McIntyre, divulgué les détails d'une autre série de données issues de cernes d'arbres, cette fois provenant de la péninsule de Yamal (Russie). Cette série s'est avérée élaborée de façon hautement douteuse. Par exemple, elle n'utilise que les données de cinq arbres pour l'année 1995, alors que d'autres – nombreuses, et prises dans la région – sont disponibles qui n'indiquent pas un XXe siècle particulièrement remarquable. Cette série, à l'évidence défectueuse, a été exploitée ces dernières années dans près d'une dizaine de publications traitant de reconstruction de températures passées et défendant la crosse de hockey.

Une lutte sans merci

Vu de loin, cet échange d'arguments et de contre-arguments entre carbocentristes et sceptiques autour de la crosse de hockey pourrait évoquer une joyeuse science en marche, se nourrissant d'opinions divergentes desquelles la lumière finirait par jaillir. En se représentant les controverses par sites internet interposés sur le sens à donner à des méthodes statistiques, on en vient à songer aux fameux échanges entre Albert Einstein et Niels Bohr sur les fondements de la mécanique quantique. Le premier pensait, à tort mais non sans une grande intelligence, parvenir à montrer la fausseté de la nouvelle théorie naissante. Si Bohr l'a finalement emporté, les discussions entre ces deux physiciens furent d'une qualité telle que bien des exposés de mécanique quantique en rapportent le contenu.

Dans l'affrontement entre les partisans de Mann et ceux de McIntyre, malheureusement, nous sommes bien loin d'un tel tableau. Einstein et Bohr ne discutaient pas à partir d'équations compliquées mais d'exemples aussi dépouillés que possible, alors que les soutiens de Mann se réfugient souvent dans des arguments mettant en exergue la complexité de leur travail. Confondent-ils la clarification et le simplisme ? Toujours est-il qu'il me semble qu'ils cherchent à être *crus*, alors que leurs adversaires tentent plutôt d'être *compris*. On note aussi, hélas, de bien inutiles attaques *ad hominem*, comme celle de Mann évoquant le fait que McIntyre a travaillé pour des industries de prospection minière, pour ensuite donner un lien internet vers ce qui ressemble fort à une odieuse « liste noire ».

La courbe en crosse de hockey est au carbocentrisme ce que les dessins de Lowell étaient à la théorie des canaux de Mars : une représentation dont le caractère erroné se révèle en s'interrogeant moins sur ce qu'elle prétend dire que sur la façon dont elle a été obtenue. Mann et ses collaborateurs ont dessiné la crosse de hockey comme Lowell dessinait ses canaux : l'ordinateur et les statistiques ont remplacé l'œil et la plume, mais le résultat est bel et bien le même. Je pense que l'équipe de Mann a toujours été sincère et honnête dans sa tentative de reconstitution des températures du passé. Lowell devait être dans le même état d'esprit face à ses canaux.

Sur son site internet (Open Mind), Grant Foster (alias Tamino), indéfectible soutien de Mann, a pensé réfuter McIntyre et McKitrick en considérant un ensemble de données en crosse de hockey, plus quelques données aléatoires, et en montrant que la méthode des deux Canadiens ne restitue pas la crosse de hockey (pourtant majoritaire parmi les données initiales) tandis que la méthode de « MBH98 » y parvient. Indépendamment de la véracité de cette affirmation (évidemment discutée), il y a une parenté logique entre cet argument et l'un des épisodes de l'affaire des canaux. Dans celui-ci, Edward Maunder, un astronome opposé à Lowell, fit un jour reproduire par des étudiants un dessin de Mars qu'ils observaient à l'œil nu à quelque distance. Les canaux, absents du dessin original, apparaissaient sur les reproductions des étudiants placés plus loin, qui réunissaient inconsciemment en lignes droites divers ensembles de points. La conclusion, logique, de Maunder était que les observations de Lowell ne pouvaient être tenues pour fiables. Ce dernier répliqua que si les dessins originels avaient contenu des canaux, les étudiants les auraient dessinés tout autant... La même logique est à l'œuvre dans l'argument de Tamino, et le même sort doit donc lui être fait : certes, on peut admettre que si la crosse de hockey (la carte de Mars avec des canaux) est une réalité, alors la méthode de Mann (les observations de Lowell) en rend compte, et pas celle de ses adversaires (ceux qui ne voient pas les canaux). Ce n'est pourtant pas de cette manière que l'on peut défendre scientifiquement une affirmation : il ne suffit pas d'établir que, dans le cas où le monde ressemble à ce que nous pensons, la méthodologie qu'on emploie permet de le démontrer. Il faut, à l'inverse, établir que la méthodologie est correcte indépendamment de ce que le monde est en réalité. Loin d'apporter de l'eau au moulin de l'équipe de Mann, l'argument de Tamino révèle en creux toute la faiblesse de sa position. Plus généralement, l'« équipe de hockey » se montrant aujourd'hui muette sur plusieurs éléments clés de la controverse, il est de plus en plus clair qu'elle a perdu la partie, même si ses membres, ne serait-ce que pour d'évidentes questions d'amour-propre, n'abdiqueront probablement jamais.

La figure publiée par le GIEC en 1990 a donc finalement perdu sa concurrente. La disparition de la crosse de hockey entraîne celle du principal argument qui permettait de penser que l'optimum médiéval et le petit âge glaciaire n'avaient pas existé à des échelles autres que régionales. Que ce drapeau carbocentriste soit devenu haillon ne signifie certes pas la réhabilitation inconditionnelle de ces deux épisodes climatiques ; en effet, les travaux des vingt dernières années, synthétisées par le rapport de l'Académie des sciences américaine de 2006, ont montré que la prudence était de mise pour les reconstitutions de température globale au-delà de quatre siècles. Cependant, nombre d'arguments contre le carbocentrisme que la courbe en crosse de hockey avait mis sous l'éteignoir peuvent désormais se déployer à nouveau.

Quant à McIntyre, il réhabilite singulièrement la figure de l'amateur. Si la science a souvent tendance à considérer les amateurs comme quantité négligeable, l'histoire retient pourtant que, lors des observations de 1877 qui furent le point de départ du mythe des Martiens, ce n'est pas un astronome mais un peintre de profession, Nathaniel Green, qui fit les meilleurs dessins de la planète rouge. Des dessins qui ne montraient pas le moindre canal.

Références bibliographiques

La citation de Hobbes est tirée du chapitre 11 du *Léviathan* (traduction de Philippe Folliot).

Le lien probable entre la figure du GIEC de 1990 et l'article de Lamb a été mis au jour par McIntyre (voir http://www.climateaudit.org/?p=3072).

La référence exacte de « MBH98 » est : M. Mann, R. Bradley et M. Hughes, « Global-Scale Temperature Patterns and Climate Forcing over the Past Six Centuries », *Nature*, 392, p. 779-787, 1998. Cet article est en accès libre sur le site de McIntyre. Ce site rassemble un grand nombre de textes des deux camps, ce qui permet de juger sur pièces (http://www.climateaudit.org/?page_id=354). À ces sources s'ajoutent les innombrables textes publiés par McIntyre et d'autres sur Climate Audit. En particulier, mentionnons la « reconstruction » d'une crosse de hockey à partir de cours boursiers (http://www.climateaudit.org/?p=177), un commentaire sur l'emploi d'une règle statistique de Preisendorfer par Mann (http://www.climateaudit.org/?p=296), ainsi que, bien sûr, l'intervention de Jolliffe sur le sujet (http://www.climateaudit.org/?p=3601). Cette dernière a été initialement postée sur le site de Tamino (http://tamino.wordpress.com/2008/03/06/pca-part-4-non-centered-hockey-sticks/) ; signalons que ce site contient une bonne introduction à l'analyse en composantes principales.

L'opinion de l'équipe de Mann est exprimée sur le site RealClimate :

http://www.realclimate.org/index.php/archives/2005/02/dummies-guide-to-the-latest-hockey-stick-controversy/

http://www.realclimate.org/index.php?p=98&lp_lang_view=fr

http://www.realclimate.org/index.php?p=8&lp_lang_view=fr

C'est sur cette dernière page que se trouve le lien vers ce que j'ai appelé une « liste noire ».

Les positions des différents protagonistes de l'affaire se sont exprimées lors d'une audition du Congrès américain organisée par le comité pour l'énergie et le commerce de la Chambre des Représentants (congrès n° 109, seconde session, n° 109-128, 19 et 27 juillet 2006). Le compte-rendu complet, très détaillé, des échanges qui s'y sont déroulés est disponible sur internet (voir http://frwebgate.access.gpo.gov/cgi-bin/getdoc.cgi?dbname=109_house_hearings&docid=f:31362.wais).

La façon proposée par Jeff Id de créer des crosses de hockey par des manipulations statistiques analogues à celles utilisées dans « MBH98 » se trouve sur son site internet, The Air Vent (http://noconsensus.wordpress.com/hockey-stick-temperature-distortion-posts/).

Le travail de David Stockwell est paru sur le site AIG News à l'adresse http://www.landshape.org/enm/wp-content/uploads/2006/06/AIGNews_Mar06%2014.pdf

Celui de Lucia Liljegren se trouve sur son site The Blackboard : http://rankexploits.com/musings/2009/tricking-yourself-into-cherry-picking/

Une explication claire et détaillée de l'affaire de la série Yamal se trouve sur le site internet Bishop Hill : http://bishophill.squarespace.com/blog/2009/9/29/the-yamal-implosion.html

Une nécrologie de Nathaniel Green est parue dans les *Monthly Notices of the Royal Astronomical Society*, 60, p. 318-320, 1900 (disponible sur internet : http://articles.adsabs.harvard.edu//full/1900MNRAS..60R.318./0000318.000.html). Cette nécrologie décrit Green comme « un observateur amateur de la meilleure sorte ».

CHAPITRE 3

Cassons les thermomètres !

Ce n'était point assez de crever de faim,
on allait aussi crever de froid.

Émile Zola, *Germinal*, 1885

Dix ans sans réchauffement

Dans un film d'animation à succès, *Toy Story*, réalisé par John Lasseter, se trouve une séquence très réussie au cours de laquelle l'un des personnages principaux, nommé Buzz l'Éclair, découvre sa condition de jouet incapable de voler. Refusant d'admettre qu'il ne peut pas disposer de la pesanteur à son gré, ce petit héros se lance bravement dans le vide. L'action ralentit à mesure qu'il s'élève dans les airs, dans ce qui apparaît au spectateur comme un interminable décollage. Le ralenti est tel que le spectateur, bien que préparé au dénouement, en vient à s'imaginer que le jouet animé va finalement vaincre la gravitation et prendre son envol comme un oiseau. Et puis, au bout d'un temps qui paraît infini, un rictus se dessine soudain sur les lèvres de l'infortuné personnage tandis que l'attraction terrestre reprend ses droits. Incrédule, il lève une dernière fois les mains vers le ciel avant que se produise l'inévitable chute.

L'évolution actuelle de la courbe de température globale à partir de laquelle le carbocentrisme a acquis toute sa crédibilité a de quoi évoquer cette séquence. Les températures ont commencé à monter dans les années 70. Dans les années qui ont suivi, au cours desquelles le carbocentrisme est devenu théorie dominante, cette courbe de température a continué à suivre une pente ascendante, jusqu'à culminer à un niveau particulièrement élevé en 1998.

Et puis l'envol s'est arrêté.

Ce sera sans doute un sujet d'étonnement, voire d'incrédulité, pour certains lecteurs : tous les outils de mesure qui ont permis un temps de parler d'un réchauffement de la planète indiquent aujourd'hui une stagnation.

Le graphique suivant montre l'évolution de la température[1] de la Terre depuis le début du XXe siècle selon la reconstitution effectuée par l'un des organismes les plus en pointe dans le carbocentrisme, l'Unité de recherche climatique (ou CRU) de l'université d'East Anglia.

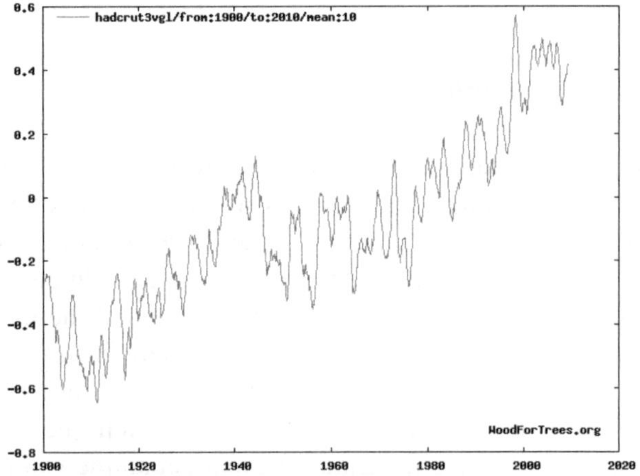

Si l'on exclut les variations passagères, on lit sur cette courbe une hausse de la température globale jusque dans les années 40, date à laquelle les températures diminuent légèrement, puis stagnent, jusque dans les années 70 (cette période fait couler beaucoup d'encre chez les sceptiques). Ensuite, les températures recommencent à monter jusqu'à la fin des années 90. Enfin, pour la période la plus récente, les températures stagnent à nouveau. L'analyse statistique montre même que la tendance sur la dernière décennie écoulée est légèrement à la

1. Plus exactement, il s'agit de l'anomalie de température, c'est-à-dire de l'écart avec une température de référence conventionnelle.

baisse[1]. Celle-ci, si elle a de quoi réjouir les sceptiques, n'est toutefois qu'une tendance très faible, qu'une seule année un peu plus chaude pourrait annuler. Il convient donc, plutôt, de parler de stagnation.

À l'aune de la courbe précédente, les fréquentes annonces comme « [o]nze des douze dernières années (1995-2006) figurent parmi les douze années les plus chaudes depuis 1850[2] » prennent un relief particulier : techniquement exactes dans leur formulation, elles ne permettent pas de prendre conscience de la stagnation actuelle, une observation pourtant essentielle.

Pour de nombreux carbocentristes, le réchauffement ne serait en réalité que temporairement « masqué » par quelque phénomène imprévu. Un tel phénomène inconnu capable de bloquer le réchauffement serait, en soi, un gros revers pour les certitudes des carbocentristes. Ces derniers affirment aussi que cette stagnation des températures est trop récente pour qu'il soit possible de tirer des conclusions. L'argument est défendable, même si sa force s'amenuise d'année en année. La durée de la stagnation est à l'heure actuelle d'un ordre de grandeur qui s'approche de celui des trois grandes périodes du XXe siècle (hausse jusque dans les années 40, puis légère baisse d'une trentaine d'années, puis hausse d'une vingtaine d'années). Même des géologues, d'ordinaire réticents à accorder de l'importance aux variations de température sur de très courtes périodes, s'interrogent, comme par exemple David Gee au Congrès international de géologie de 2008 : « Pendant combien de temps encore la planète doit-elle attendre avant que nous, les politiciens et les scientifiques, comprenions que la planète ne se réchauffe pas ? Combien de temps encore doit durer le refroidissement ? »

---

1. Il n'est pas facile de dire exactement depuis quand les températures stagnent, notamment en raison du pic de températures de 1998 causé par un phénomène océanique naturel (El Niño) d'une ampleur particulièrement élevée. Cette singularité que présente la courbe rend le traitement statistique des données un peu délicat. Dans le domaine, aucune méthodologie ne s'est d'ailleurs imposée à tous, comme l'a très plaisamment illustré Chip Knappenberger dans un texte remarquable de neutralité intitulé « Guide pour obtenir la tendance de température qui vous arrange ».

2. GIEC 2007, *Résumé à l'intention des décideurs* (page 2).

Le retour du froid ?

L'avis de nombreux sceptiques est que, si se confirment les effets refroidissants attendus du retard imprévu du cycle solaire 24 ainsi que ceux de l'évolution actuelle de certains courants océaniques, le visage des carbocentristes ne tardera plus, face à la chute de la température globale, à montrer le rictus du malheureux Buzz l'Éclair. En septembre 2009 à Genève, Mojib Latif (université de Kiev) a frappé fort en affirmant, en pleine conférence de l'ONU sur le climat, que la tendance actuelle à la baisse des températures pourrait se prolonger pendant encore une vingtaine d'années. Soleil et océans ont peut-être, en effet, décidé de rafraîchir la Terre. Voyons pourquoi, en quelques mots. Nous avons évoqué au chapitre premier l'influence des cycles d'éruption solaire sur le climat terrestre. Des cas historiques bien documentés (minimum de Dalton, minimum de Maunder) ont permis d'établir depuis longtemps qu'un cycle solaire faible a tendance à refroidir notre planète. Un cycle solaire dure environ onze ans. Le « cycle 24 » était prévu pour commencer fin 2006. Las : celui-ci a pris un retard inattendu, et les taches solaires du cycle 24, aujourd'hui encore (décembre 2009), demeurent une Arlésienne. Par la voix de David Hathaway, le 21 juillet 2009, la NASA a même évoqué la possibilité que nous entrions dans une phase d'activité solaire comparable au minimum de Dalton. Celui-ci, qui a commencé à la fin du XVIIIe siècle et a pris fin au début du XIXe, a correspondu à une période froide à l'échelle du globe.

Quant aux océans, eux aussi semblent avoir choisi le chemin du froid pour les prochaines années. L'oscillation décennale du Pacifique, en particulier, vaste phénomène de transfert d'énergie thermique, semble être récemment entrée dans une phase froide qui, si l'on se réfère aux phases du passé, pourrait durer une trentaine d'années[1]. Une étude de Kyle Swanson et Anastasios Tsonis (uni-

1. Il est notable que, pour ce qui est de l'oscillation décennale du Pacifique, le XXe siècle a connu plus d'années en phase chaude qu'en phase froide, et que la principale période de phase froide s'est produite des années 50 aux années 70,

versité du Wisconsin) parue en 2009 dans la revue spécialisée *Geophysical Research Letters* suggère que la stagnation actuelle de la température globale pourrait durer plusieurs décennies. Ils exploitent pour cela l'observation suivante : sur les dernières décennies, tous les épisodes de stagnation des températures d'ampleur comparable à l'épisode actuel peuvent s'expliquer par une cause soit volcanique (éruptions de l'Agung en 1963, de l'El Chicon en 1982 et du Pinatubo en 1991) soit océanique (phénomènes La Niña de 1955 et 1973). Tous, sauf un : celui dans lequel nous sommes entrés vers 2001. Selon les auteurs, c'est là le signe qu'un phénomène différent est à l'œuvre, qui pourrait avoir pour effet que la température globale reste stable pendant encore plusieurs décennies.

On peut objecter (ce que font d'ailleurs Swanson et Tsonis) que ces phénomènes refroidissants n'invalident pas à proprement parler l'idée que nos émissions de gaz à effet de serre seraient susceptibles de modifier le climat. Une position adoptée par les carbocentristes consiste ainsi à estimer que le ou les phénomènes à l'œuvre aujourd'hui et qui expliquent la stagnation de la température ne sont qu'un caprice temporaire de la nature. Par la suite, le réchauffement causé par l'homme pourrait faire son retour. Le réchauffement climatique « reviendra-t-il se venger », pour reprendre une saillie de Richard Lindzen ? Il faudrait pour cela imaginer que l'énergie thermique produite par l'homme et cause d'un réchauffement potentiel soit stockée quelque part, attendant son heure pour réchauffer l'atmosphère. Or, il n'y a guère qu'un seul endroit de stockage possible : les océans. Ceux-ci ne semblent pas se réchauffer particulièrement, et il ne semble pas non plus y avoir de corrélation entre leur état thermodynamique et la courbe de nos émissions de gaz à effet de serre, du moins selon un récent article de David Douglass (université de Rochester) *et al.* paru dans *Physics Letters A* en 2009. Si, bien sûr, le débat n'est pas clos sur le sujet, l'éventualité d'un réchauffement qui ne serait que temporairement différé par des causes naturelles est aujourd'hui loin d'être une certitude.

---

soit précisément lors de la période de baisse de la température globale observée au milieu du XXe siècle.

Quoi qu'il en soit de la température à venir, un point important à souligner est que tout le monde est d'accord aujourd'hui pour dire que, d'une manière générale, la Terre s'est réchauffée au XXe siècle. Certains raccourcis laissent parfois croire que les sceptiques « nient le réchauffement climatique » : tel n'est pas le cas. Certes, des sceptiques ont douté un temps de la réalité du réchauffement : puisque, jusque dans les années 70, la tendance avait été à la baisse sur les trois dernières décennies, l'amorce de réchauffement au début des années 80 était encore trop récente pour affirmer l'existence d'un mouvement clair. Les carbocentristes qui reprochent aux sceptiques d'exploiter abusivement la stagnation actuelle devraient se souvenir que l'essor de leur propre théorie a commencé à une époque où la nouvelle hausse n'avait elle-même pas plus de quelques années.

Les sceptiques admettent sans difficulté que la température globale actuelle est sans doute la plus élevée depuis au moins quatre siècles. Leurs doutes portent sur deux points : l'ampleur réelle du réchauffement et son origine humaine supposée. Au vu de l'extraordinaire complexité de la machine climatique, la température globale n'a aucune raison d'être constante (ce qui suffit d'ailleurs à éveiller les soupçons sur l'extraordinaire stabilité séculaire de la crosse de hockey du chapitre précédent). Cette température doit donc soit monter, soit descendre. Et de même qu'après la pluie vient le beau temps, après la baisse vient la hausse. La tendance haussière observée au XXe siècle, qui fait suite au Petit Âge glaciaire, peut donc fort bien n'être que le reflet de cette inévitable alternance, sans qu'il faille y voir un quelconque phénomène exceptionnel.

Un thermomètre global

Quand elle ne consiste pas en une défense, aujourd'hui d'arrière-garde, de la courbe en crosse de hockey ou de ses avatars, la réplique des carbocentristes porte sur la rapidité du réchauffement au XXe siècle, selon eux sans précédent dans l'histoire climatique récente (un point d'ailleurs hautement douteux, compte tenu de l'existence avérée de « surprises climatiques », la plus récente observée ne datant que de quelques millénaires – autant dire hier, vu les échelles de temps concernées). Or, les méthodes actuelles à partir desquelles la température moyenne de la Terre est calculée ont beaucoup à nous apprendre.

Parler de température globale n'est pas une mince affaire, car la température n'est jamais la même partout sur la Terre. La méthode la plus simple pour donner une idée de cette température globale[1] consiste à disposer des thermomètres un peu partout à la surface du globe, de façon à constituer un réseau à la fois dense et homogène. Dense pour tenir compte de toutes les variations locales significatives de la température, homogène pour que toutes les régions terrestres soient également représentées. Une fois un tel réseau disponible, chaque thermomètre fournirait, à intervalles réguliers, la température qu'il mesure. Ne resterait alors qu'à effectuer la moyenne.

Malheureusement, non seulement cette présentation idyllique n'a pas grand-chose à voir avec la réalité du terrain, mais ses fondements théoriques eux-mêmes souffrent de très graves défauts.

Un premier problème, purement pratique, concerne la localisation des stations disponibles[2]. La totalité d'entre elles se trouvent rassemblées sur les terres émergées, qui constituent moins de 30 % de la surface du globe[3]. Les deux tiers de ces stations se trouvent sur le seul territoire des États-Unis, qui représente moins de 7 % des terres émergées. Enfin, à bien des époques, d'immenses territoires n'étaient couverts par aucune station : imaginez que la température de l'Europe au début du XXe siècle ait été calculée par une moyenne des

1. En toute rigueur, les spécialistes s'intéressent davantage à la variation de la température globale qu'à la température globale elle-même. Pour ne pas alourdir le texte, ce point technique n'est pas repris dans la suite, il n'a de toute façon pas de conséquence pour ce qui nous intéresse.

2. Depuis quelques années, des mesures satellitaires sont disponibles, qui remplaceront probablement, à terme, les mesures faites au sol.

3. Le calcul de la température globale intègre tout de même des données issues des océans, selon une méthodologie un peu particulière.

seules températures à Porto, à Londres et à Bucarest, et vous aurez une idée de la quantité de données disponibles pour mesurer la température en Afrique ou en Amérique du Sud à cette époque.

Les carbocentristes soutiennent que des études autorisent à penser que la répartition actuelle des stations, même très imparfaite, suffit à donner une bonne valeur d'ensemble. En fait, l'essentiel de ces études ne repose en dernière analyse que sur quelques évaluations empiriques. Même les rares publications véritablement mathématiques qui traitent du problème ne mentionnent pas l'outil pourtant central et naturel dans ce genre de questions, l'« inégalité de Koksma » *(voir annexe au présent chapitre)*. Ce point met au jour un manque d'interaction entre les disciplines scientifiques, comme l'a illustré l'affaire de la crosse de hockey à propos des statistiques *(chapitre 2)*, ou un autre exemple que nous aborderons au chapitre 5.

Stations des villes, stations des champs

Le défaut de fiabilité des relevés au sol des températures est un problème reconnu depuis des années[1]. En 1999, un comité du Conseil national américain de la recherche a conclu que « notre capacité à surveiller le climat global est inadaptée et se détériore ». Rien de substantiel n'a été réalisé depuis par les organismes officiels pour remédier au problème. Si la mauvaise répartition des stations sur la Terre est la plus évidente limitation, de nombreuses autres ont été relevées par les sceptiques, comme le fait que les stations ne sont pas toutes à la même altitude, ni à la même hauteur du sol. L'équipe de *Climate Science* que dirige Roger Pielke Sr. a publié de nombreux articles dans des revues scientifiques sur les problèmes posés par les mesures de température. Comme il serait trop long de passer tous ces problèmes en revue ici, je me contenterai du plus criant et du plus fameux d'entre eux : l'*îlot de chaleur urbaine*.

---

1. John Daly, l'un des pionniers du scepticisme climatique sur internet, avait, en 2000, établi un rapport très complet sur la question.

Dans la perspective d'estimer l'évolution de la température, les stations météo les plus anciennes sont *a priori* les plus intéressantes, puisqu'elles fournissent les plus longues séries de données. Malheureusement, en raison du développement des villes au XXe siècle, une station météo qui se trouvait à la campagne il y a soixante ans peut fort bien être aujourd'hui au beau milieu d'un environnement urbain. À mesure que la ville progresse, la station météo se retrouve donc progressivement cernée par des immeubles, des parkings ou des routes, si bien que les températures qu'elle mesure vont avoir tendance à monter, en vertu de phénomènes physiques sur lesquels tout le monde s'accorde. Cette tendance, pur artefact, ne témoigne pas d'un réchauffement global (même rapide, l'urbanisation ne concerne aujourd'hui qu'une toute petite fraction de la surface totale du globe).

Un tel phénomène n'est pas très grave pour la météorologie. Ceux qui regardent régulièrement le thermomètre savent bien de toute façon que, selon le lieu où ils habitent, il peut y avoir un écart d'un ou deux degrés entre ce qu'indique la météo et ce qu'ils observent. Cela n'empêche pas le beau temps ou la pluie annoncée de se produire (en général…). En revanche, s'agissant de la mesure du « réchauffement climatique », un tel artefact se fait beaucoup plus problématique, car pour comparer la température d'il y a un siècle à celle d'aujourd'hui, on ne peut pas faire l'économie d'un ajustement des données qui tienne compte de cet effet d'îlot de chaleur urbaine.

De même que le « tombeur » de la courbe en crosse de hockey *(voir chapitre 2),* Steve McIntyre, est un simple amateur en climatologie, ce n'est pas à un scientifique institutionnel que l'on doit le travail le plus rigoureux sur les stations météo, mais à Anthony Watts, ancien présentateur de la météo à la télévision, au travers de son opération baptisée SurfaceStations. Depuis 2007, Watts et ses collaborateurs rassemblent une documentation exhaustive sur la localisation exacte et l'histoire des stations météo situées aux États-Unis. Entre les évolutions de leur environnement immédiat, les déplacements de la station et autres surprises, les aberrations relevées sont si manifestes que Watts en fait régulièrement des gorges chaudes. « Comment ne pas mesurer la température ? » est le titre d'une saga sans fin sur son site internet. Photos à l'appui, prises par lui ou par d'autres, il montre telle station située au beau milieu d'un parking, à côté d'un mur blanc, le long d'une route bitumée ou encore, cas très fréquent, dans un aéroport. On trouve même des stations situées juste à côté de barbecues ! Bien souvent, la comparaison de l'histoire d'une station avec la courbe de ses températures est édifiante. Tout aussi édifiante est la confrontation entre la situation de certaines stations et la manière dont elles sont envisagées dans les bases de données officielles. En particulier, bien des stations considérées comme de bonne qualité sont en réalité placées dans un environnement susceptible d'induire de nombreux biais.

Le bilan provisoire de l'opération SurfaceStations n'est guère flatteur pour la NOAA, l'Administration nationale américaine sur les océans et l'atmosphère, qui supervise le réseau des stations. Les anomalies relevées par l'équipe de Watts sont nombreuses et portent sur des ordres de grandeur de température importants, au point qu'il est bien difficile de soutenir que ces erreurs n'affecteraient pas le bilan global. Le rapport d'étape de mai 2009 sur l'opération, qui porte sur 70 % des stations américaines, établit que seules 11 % d'entre elles répondent aux critères de qualité édictés par la NOAA elle-même. La même proportion (11 %) est constituée de stations dont les mesures de température sont susceptibles d'être plus de 5 °C au-dessus de la réalité, toujours selon les normes de qualité de la NOAA. Le gros des stations (58 %) est de « classe 4 », ce qui correspond à une erreur possible de plus de 2 °C. Sachant que le réseau des stations américaines passe pour être le plus fiable et le plus moderne du monde, il y a de quoi douter que nous soyons en mesure de détecter aujourd'hui des variations globales de température de l'ordre du dixième de degré centigrade.

Je souhaite ici prendre un instant pour souligner que je ne suggère aucunement que le travail des météorologues qui ont établi le réseau des stations aurait été plus ou moins bâclé. Ce réseau n'a pas le moins du monde été l'œuvre d'incompétents, ce sont au contraire des scientifiques tout à fait sérieux qui l'ont élaboré. Ce qu'il faut comprendre, c'est que leur objectif était d'abord météorologique. Les stations n'ont pas été placées dans l'objectif de mesurer une « température globale », et encore moins dans l'idée qu'une telle donnée deviendrait d'une importance aussi cruciale dans notre société. L'erreur ici en cause est d'utiliser un outil pour effectuer une tâche qui n'est pas celle pour laquelle il a été conçu.

Le coude de l'urbanisme

Le biais induit par les îlots de chaleur urbaine est connu depuis longtemps, et il va de soi que les organismes qui utilisent les données des stations météo en tiennent compte. Une correction est donc systématiquement appliquée. Dans l'idéal, cette correction requerrait l'utilisation des archives du cadastre, ainsi que des données précises sur l'effet d'une couche de bitume, d'un mur peint, etc., sur une station météo. En pratique, le coût et le temps nécessaires à de telles démarches ont été rhédibitoires ; à la place, des expédients mathématiques ont été employés.

Plusieurs organismes délivrent mensuellement une évaluation de la température de la Terre à partir du réseau des stations au sol. Citons notamment l'Institut Goddard, américain, qui dépend de la NASA et est dirigé par James Hansen, et le CRU, de l'université d'East Anglia, que dirige Phil Jones. Chacun traite les données à sa manière, si bien que les courbes de température des organismes diffèrent quelque peu.

S'agissant du CRU, il n'est pour l'instant pas possible de décrire exactement la méthode de traitement des données utilisées, car certains éléments essentiels n'ont pas été rendus publics. Tous les sceptiques connaissent cette fameuse réponse de Jones adressée par courriel le 21 février 2005 à Warwick Hughes qui lui demandait les relevés de température station par station : « Nous avons consacré environ vingt-cinq ans à ce travail. Pourquoi devrais-je mettre ces données à votre disposition, puisque votre but est de chercher et de trouver leur faille [1] ? »

1. *We have 25 or so years invested in the work. Why should I make the data available for you, when your aim is to try and find something wrong with it.*

Malgré des demandes répétées de nombreux sceptiques, bien des éléments d'informations manquent pour comprendre comment le CRU traite exactement ses données. Toutefois, les choses ont récemment pris une tournure nouvelle avec l'affaire du « Climategate », qui a fait l'effet d'une bombe sur ce centre de recherches. Rappelons qu'il s'agit de la divulgation sur internet en novembre 2009 d'un millier de courriels à caractère professionnel envoyés ou reçus ces dix dernières années par les membres du CRU, ainsi que de nombreux fichiers contenant des programmes informatiques utilisés pour traiter les données conduisant à l'établissement de la courbe de température globale. À l'heure où j'écris ces lignes, beaucoup de points demeurent dans l'ombre sur l'origine de la fuite (peut-être illégale), mais tout laisse penser que l'essentiel de ce qui a été révélé est authentique. La polémique qui fait rage dépasse le cadre de cet ouvrage et, plutôt que de relayer des accusations de malhonnêteté, je souhaite apporter les éléments de réflexion suivants : beaucoup de ces courriers montrent une volonté délibérée de la part de leurs auteurs d'éviter de divulguer certaines données scientifiques à leurs contradicteurs. Or, non seulement l'enjeu sociétal majeur que représentent aujourd'hui ces données rend indispensable leur large diffusion, mais, plus généralement, la transparence est une nécessité absolue de l'œuvre scientifique. Ce qui est en jeu n'est autre que l'un des points les plus essentiels de la science : l'impératif qu'il y a pour tout scientifique à se confronter à une *altérité*, que celle-ci s'incarne dans une expérience de laboratoire, dans une mission sur le terrain ou encore dans l'avis donné par d'autres personnes sur ses travaux. Accepter cette altérité n'est facile pour personne. Cela n'implique pas que l'équipe de Jones se soit rendue coupable de malhonnêteté scientifique ; une telle hypothèse me semble même assez peu intéressante d'un point de vue épistémologique, car elle passe à côté du fait que la tentation est toujours grande de refuser l'altérité du jugement et de se réfugier dans son propre discours, toujours plus confortable. « Lorsque vous ne fournissez vos données qu'à vos amis et non à ceux qui pourraient porter dessus un jugement plus critique, à quoi aboutissez-vous ? À un "consensus" », conclut Willis Eschenbach dans un texte qui relate comment il fut, des années durant, en butte aux refus répétés du CRU de lui fournir une donnée aussi banale que la liste des stations météo utilisées pour calculer la température moyenne…

Pour ce qui est des températures données par l'Institut Goddard, les choses sont désormais plus claires, les données ayant finalement été rendues publiques en 2008 après des demandes insistantes des sceptiques. La technique d'ajustement employée pour tenir compte de l'îlot de chaleur urbaine a été explicitée par John Goetz en juin de la même année, sur le site internet Climate Audit de McIntyre. Ce travail n'avait pas été simple : de même que les stations météo n'ont pas initialement été pensées pour mesurer la température globale, les programmes n'avaient initialement pas vocation à devenir un instrument aussi central dans le débat climatique. Rarement documentés, faits de couches successives entassées au gré des compléments apportés au fil des ans, écrits dans des langages de programmation aujourd'hui obsolètes… il fallut beaucoup d'efforts pour tout décortiquer. Quoi qu'il en soit, donc, nous savons aujourd'hui, entre autres choses, comment l'Institut Goddard tient compte des îlots de chaleur urbaine.

Imaginons une courbe de température donnée par une station qui existe depuis une centaine d'années. En milieu rural il y a un siècle, cette station est aujourd'hui en milieu urbain. Il y a donc eu un moment, que nous ne savons pas dater précisément (sauf à mener des investigations longues et coûteuses), à partir duquel l'urbanisation a progressivement gagné l'environnement immédiat de la station. Une hausse artificielle de la température s'est donc produite.

Pour décider du moment où le phénomène a pu commencer, la technique employée généralise celle que nous avons vue au chapitre 2, où il s'agissait de trouver la droite qui permettait d'aligner au mieux des points. La seule différence ici est que l'on cherche non plus une droite, mais deux demi-droites formant un coude.

Le point de contact entre les demi-droites, ainsi que l'angle qu'elles forment, sont calculés de sorte que l'écart avec les mesures effectives soit minimal. Une fois ce calcul fait, l'idée générale consiste à supposer que le point qui fait l'angle marque la date du début de l'urbanisation, et que la mesure de l'angle entre les deux demi-droites quantifie l'effet d'îlot de chaleur urbaine. Ne reste alors qu'à corriger les données en conséquence[1].

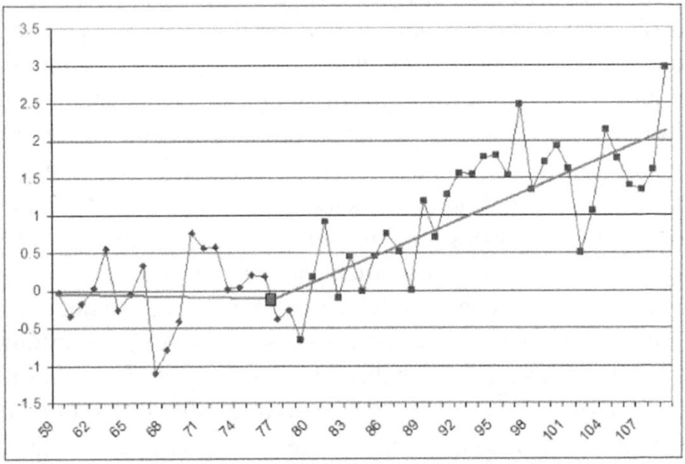

Les points indiquent la variation de température en fonction du temps.
La courbe initiale est approchée par deux demi-droites, la première est presque horizontale, la seconde montre une hausse.

Source : climateaudit.org

Ce calcul autorise les carbocentristes à dire qu'ils ticnnent bel et bien compte de l'effet d'îlot de chaleur urbaine. Malheureusement, cela n'est pas suffisant car en science il ne suffit pas de tenir compte d'un phénomène : il faut en tenir compte de façon correcte. Il est loin d'être clair que tel est le cas du procédé précédent. L'ajustement en coude est une approche certes simple et intelligente mais dont la précision est sujette à caution. L'augmentation de la température globale

1. Le détail de la procédure est en réalité plus complexe, il modifie notamment les données d'une station urbaine à l'aide de celles de stations rurales considérées comme voisines (qui peuvent tout de même être éloignées d'un millier de kilomètres).

lors du dernier siècle écoulé se compte en dixièmes de degré : il est fort possible que la marge d'erreur de l'ajustement utilisé par l'Institut Goddard se révèle du même ordre de grandeur.

D'une manière générale, il convient de garder à l'esprit que les courbes de température ne sont jamais des données brutes : les données sont *toujours* corrigées, selon diverses techniques statistiques plus ou moins sophistiquées. Ce procédé est, bien sûr, parfaitement légitime dans son principe. Sans traitement, les données seraient le plus souvent noyées dans un « bruit de fond » sans signification, empêchant toute analyse fondée sur des bases fiables. Cependant, bien que nécessaires et utiles, les méthodes de traitement doivent être interrogées, car leur emploi est loin d'être innocent. Une étude d'Eric Steig *et al.*, par exemple, qui a fait la une de la revue *Nature*, a affirmé en 2009 que l'Antarctique, contrairement à ce qui était généralement accepté jusque-là, s'est globalement réchauffé à l'échelle des cinquante dernières années. En apparence (mais en apparence seulement, comme nous le verrons au chapitre 5), un tel résultat est un rude coup pour les sceptiques, qui ne manquaient pas jusque-là d'utiliser la baisse des températures antarctiques comme argument contre les carbocentristes. Pourtant, la nouveauté dans l'étude de Steig *et al.* ne tient pas à un élément observationnel nouveau, mais à la technique statistique employée pour effectuer la synthèse des données déjà disponibles[1].

Le sens de la mesure

Parmi ces questions de traitement des données il en est une, particulièrement essentielle, qui porte sur le sens à accorder à l'idée de « température globale ». Du point de vue thermodynamique, une

1. Depuis sa publication, l'étude de Steig *et al.* a fait l'objet de nombreuses critiques de la part des sceptiques, qui estiment, à l'aide d'analyses statistiques complémentaires, que la tendance au réchauffement de l'Antarctique sur les cinquante dernières années est en réalité très faible. Pour l'instant toutefois, ces critiques, bien qu'argumentées, n'ont pas été dûment publiées dans une revue spécialisée.

température est une moyenne (la « moyenne quadratique des énergies cinétiques des molécules du milieu »). La synthèse des températures relevées par une station météo s'effectue en calculant la moyenne entre les deux températures extrêmes qu'elle a mesurées. Enfin, nous l'avons vu, la température globale s'obtient par une moyenne pondérée de ces températures des stations. La « température globale » est donc *la moyenne d'une moyenne de moyennes*. Ces moyennes ne sont pas de même nature : « quadratique » pour l'une, « arithmétique d'extrêmes » pour la deuxième, « arithmétique pondérée » pour la troisième.

Alors que le langage courant désigne par « moyenne » ce qui correspond techniquement à la « moyenne arithmétique » (la moyenne arithmétique de *n* nombres étant définie par leur somme divisée par *n*), il existe de nombreuses autres manières de condenser un ensemble de données en une seule valeur. Dès l'école pythagoricienne, il y a deux mille cinq cents ans, existaient déjà pas moins de dix façons différentes de moyenner. Pour être précis, les pythagoriciens ne parlaient d'ailleurs pas de *moyennes* mais de *médiétés* : même s'il est difficile d'avoir un avis très sûr concernant cette question (de nombreuses zones d'ombre entourent les travaux des pythagoriciens), il est possible que, pour eux, l'idée n'était pas de fondre des valeurs en une seule qui les résume (ce qui correspond à notre idée de moyenne), mais plutôt de « jeter un pont » entre des valeurs. Même si le besoin médiatique de donner des « chiffres parlants » se trouve aisément assouvi par l'utilisation d'une moyenne, il serait peut-être bon de prendre parfois plutôt le point de vue des médiétés, dans lequel les valeurs initiales sont réunies plutôt que fondues.

Les « chiffres » ne parlent jamais d'eux-mêmes : s'il est quelque chose que l'on peut faire parler, c'est la manière dont ils sont obtenus. Cette remarque est particulièrement valable s'agissant du calcul d'une moyenne, précisément parce que divers choix sont possibles pour la définir. Par exemple, parmi les médiétés pythagoriciennes, on trouve la médiété arithmétique de a et de b, qui est la valeur $(a + b) / 2$. La médiété *géométrique* se définit par l'expression $\sqrt{(ab)}$: il s'agit du côté du carré dont l'aire est celle d'un rectangle de dimensions *a* et *b*. Une autre médiété pythagoricienne est l'*harmonique*, définie par la formule $2 / (1 / a + 1 / b)$ et dont le nom provient sans doute de ses liens avec la constitution de la gamme dans le cadre des idées pythagoriciennes sur la musique. La moyenne *quadratique* (d'invention plus récente, bien que pouvant s'interpréter assez facilement à partir du théorème… de Pythagore) est la racine carrée de la moyenne arithmétique des carrés : $\sqrt{((a^2 + b^2) / 2)}$. Et l'on pourrait allonger la liste à l'infini.

L'abondance des outils mathématiques a un prix : il n'est pas toujours facile de savoir comment choisir celui qu'il convient d'employer. Avec la seule médiété arithmétique, les pythagoriciens n'auraient pas pu conceptualiser la gamme qu'ils nous ont léguée : la médiété harmonique leur était nécessaire. À notre tour, nous devons donc nous interroger : pour définir une « moyenne » de la température globale, quelle définition est-il légitime de retenir ?

Ce problème pourrait sembler mineur dans la mesure où, dans le cadre du carbocentrisme, l'essentiel est de dégager une tendance. Un article de Christopher Essex (université d'Ontario occidental), Ross McKitrick (université de Guelph) et Bjarne Andresen (université de Copenhague) paru en 2007 dans la revue *Journal of Non-Equilibrium Thermodynamics* a en réalité montré que le choix de la moyenne est crucial. Les auteurs donnent l'exemple d'une tasse de café chaud et d'un verre d'eau froide placés dans une pièce à température ambiante. En prenant quatre définitions différentes de la moyenne à partir de laquelle est calculée l'évolution de la « température globale » de l'ensemble composé du café et de l'eau, le calcul montre un « réchauffement » pour certaines moyennes et un « refroidissement » pour d'autres, alors que l'évolution thermodynamique du système est bien entendu rigoureusement la même dans tous les cas *(voir encadré)*.

Ainsi donc, pour parler avec quelque pertinence de température globale, il est nécessaire de questionner en profondeur cette notion elle-même. À l'heure actuelle, il n'en existe pas de définition thermodynamique incontestable ; l'article de Essex *et al.* va plus loin et défend l'idée que, pour des raisons théoriques, il ne saurait en exister

De plus en plus chaud, ou de plus en plus froid ?

Une tasse de café à 33 °C et un verre d'eau à 2 °C sont placés dans une pièce à 20 °C. L'évolution de la température du café et de l'eau est donnée par la loi de Newton, qui énonce que la vitesse à laquelle la température d'un corps s'approche de la température ambiante est proportionnelle à la différence de température entre ce corps et cette température ambiante. Des techniques mathématiques classiques permettent facilement de déterminer ce que deviennent les températures du café et de l'eau au fil du temps (températures qui, toutes deux, s'approchent de 20 °C, la température de la pièce).

Si la température du café et celle de l'eau sont des notions bien définies du point de vue de la thermodynamique, qu'en est-il de la « température globale » de ces deux corps pris comme un tout ? Dans leur publication, Essex *et al.* considèrent quatre manières de calculer cette température globale, c'est-à-dire quatre définitions différentes de la moyenne des températures : les moyennes *harmonique*, *arithmétique*, *quadratique* et *quartique*. Ces quatre moyennes peuvent revendiquer une légitimité : la première est reliée à des considérations sur la « production minimale d'entropie », la deuxième est celle qui est utilisée en pratique pour attribuer une température globale à la Terre, la troisième sert à la définition même de la grandeur température, et la dernière intervient dans le « rayonnement du corps noir », lui-même lié de façon cruciale à la théorie de l'effet de serre [1].

Les calculs d'Essex *et al.* montrent que le système composé du café chaud et de l'eau froide « se réchauffe » si l'on définit la température globale par une moyenne harmonique ou arithmétique, mais qu'il « se refroidit » en considérant la moyenne quadratique ou quartique. Les termes de « réchauffement » ou de « refroidissement » n'ont donc pas de sens réel dans ce système, même en se cantonnant à une simple description qualitative. Le seul cas, expliquent les auteurs, où ces termes ont un sens qualitatif est celui où toutes les composantes du système ont une température qui évolue dans le même sens. Tel n'est pas le cas à la surface de la Terre, où des régions se refroidissent (par exemple la Sibérie orientale) tandis que d'autres se réchauffent (comme l'Alaska).

---

1. Dans un article paru en 2007 dans *Journal of Geophysical Research*, Roger Pielke Sr. et al. défendent l'idée que, pour définir la température globale, la moyenne quartique serait préférable à la moyenne arithmétique actuellement utilisée.

une, quelle qu'elle soit. Cette conclusion rejoint l'avis d'un spécialiste du climat comme Marcel Leroux pour qui une température globale n'a pas de sens dans la mesure où il n'existe pas de « climat global » mais seulement des climats régionaux, qu'il n'est pas légitime de fondre dans une quelconque moyenne.

Si cette idée que la « température globale », telle qu'on la considère aujourd'hui, est donc trop mal définie pour qu'on puisse s'y fier aveuglément, on ne peut pour autant lui dénier toute valeur. Un élément parmi d'autres dans ce sens est la théorie solariste : s'il s'avère que la courbe de l'activité solaire est corrélée à celle de la « température globale », alors cela prouvera bien que cette dernière possède une signification.

Il ne me semble pas problématique d'accepter que la « température globale » mesure bel et bien quelque chose, la véritable question étant plutôt de déterminer quoi. L'on peut rapprocher cette situation des tests de quotient intellectuel (QI), conçus pour quantifier l'intelligence d'un individu. On prête à Alfred Binet, l'un des grands initiateurs des tests d'intelligence, d'avoir affirmé que l'intelligence était précisément ce qui était mesuré par ses tests. Or, si l'on peut facilement s'accorder sur le fait qu'un test comme le QI présente de l'intérêt, et qu'il mesure effectivement quelque chose de lié à une certaine forme d'intelligence, réduire l'intelligence au seul QI est évidemment absurde. Pour la même raison qu'il serait excessif de fonder l'orientation scolaire d'un élève à partir d'un simple test de QI, il me semble abusif de prétendre tirer de la « température globale » des conclusions définitives sur le climat.

En résumé, l'indicateur actuellement utilisé de « température globale » est encore trop mal défini, calculé de manière trop imprécise et son sens physique est encore trop mal cerné, pour qu'il soit légitime de lui accorder une signification très fiable. Cet indicateur ne doit être manipulé qu'avec la plus extrême prudence, et l'on doit se garder de lui attribuer une importance démesurée pour étudier l'état thermodynamique de la planète [1].

---

1. Marcel Leroux a été de ceux, rares, qui ont tenté d'attirer l'attention sur cette autre grandeur thermodynamique essentielle à la machinerie climatique :

La température globale permettrait-elle tout de même de montrer l'existence d'une influence forte du gaz carbonique sur l'évolution du climat ? Avec cette question, nous arrivons à l'un des points centraux du carbocentrisme. Il est temps de nous y atteler.

Danse de courbes

Voici un graphique montrant deux courbes, chacune représentant l'évolution d'une grandeur physique au cours du temps. (Peu importe pour l'instant la nature des grandeurs concernées.)

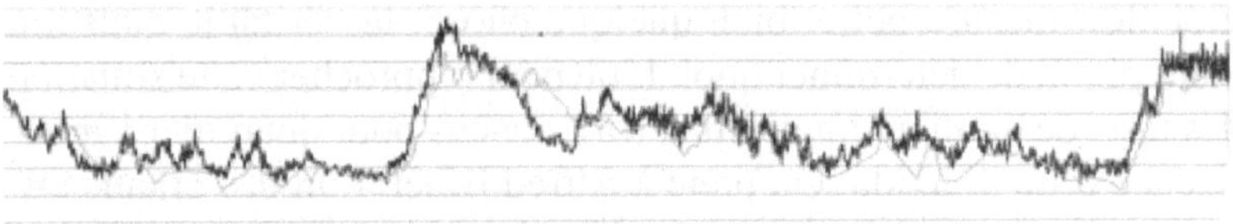

Sans rien savoir de la nature des données, il n'est pas bien difficile de proposer une analyse de ce graphique. Le point le plus frappant est la grande ressemblance entre les deux courbes. Un autre point, un peu plus difficile à voir mais qu'une analyse mathématique permet de démontrer sans la moindre équivoque, est qu'il y a un léger décalage dans le temps entre les deux courbes, celle en noir venant un peu avant celle en gris.

La ressemblance suggère très clairement que les grandeurs qu'elles représentent sont physiquement liées. Certes, il pourrait ne s'agir que d'une coïncidence : après tout, l'allure de l'orbite d'une planète autour du Soleil, par exemple, se rapporte de façon frappante à celle du bord d'un verre vu légèrement de biais (dans les deux cas, on a affaire à

la pression. Dans son séminaire à l'Académie des sciences du 5 mars 2007, il affirme d'ailleurs que l'évolution observée de la pression atmosphérique dans de vastes régions du globe est « antinomique d'un prétendu "réchauffement global" ».

une ellipse), sans que l'on puisse y voir un quelconque lien physique. Néanmoins, les exemples de ce genre concernent le plus souvent des formes disposant de caractéristiques mathématiques bien particulières. Les deux courbes de notre graphique ne disposent, elles, d'aucune propriété remarquable de ce genre. Elles semblent trop erratiques pour qu'on ne les imagine liées que par des propriétés mathématiques. De toute évidence, donc, nos deux grandeurs ont bel et bien un lien physique.

Que suggère alors le décalage temporel entre les deux courbes ? Tout simplement que la relation entre les deux grandeurs est celle d'un rapport de cause à effet. La grandeur physique représentée par la courbe noire évolue d'une manière qui, à moins d'éventuelles informations complémentaires, nous échappe complètement, mais semble exercer un contrôle presque absolu sur l'autre, grise. Il me semble que, du scientifique le plus éclairé à l'écolier le plus ordinaire, n'importe qui peut sans problème souscrire à cette analyse : si un lien causal existe entre les deux courbes, alors c'est le phénomène qui se rapporte à la courbe noire qui est la cause de celui qui se rapporte à la courbe grise.

Nous allons à présent nous intéresser à une idée en apparence quelque peu saugrenue qui propose ceci : c'est la grandeur représentée en gris qui contrôlerait l'autre, et non l'inverse. Je ne crois guère m'avancer en affirmant que personne ne serait spontanément disposé à adhérer à cette nouvelle proposition, tâchons tout de même de voir comment la défendre. Dans la suite, pour clarifier le raisonnement, appelons N ce qui se rattache à la courbe noire, et G ce qui se rattache à la courbe grise. Notre première analyse nous a conduit à penser que N est la cause directe de G, nous tentons à présent de savoir s'il est possible que ce soit en réalité G qui soit la cause de N.

Tout d'abord, si le lien de cause à effet a lieu dans ce sens contre-intuitif, ce lien ne peut être absolu. En effet, il est des périodes au cours desquelles les deux courbes ne vont pas de conserve (N monte tandis que G descend, ou l'inverse). Nous devons donc convenir que si c'est l'évolution de G qui conditionne celle de N, alors d'autres choses sont aussi à l'œuvre qui expliquent l'évolution de N. Une théorie possible est alors la suivante : un phénomène X (ou plusieurs) se produit parfois, et a pour effet de modifier le sens dans lequel N évolue. Par exemple, si la grandeur N était en phase descendante, X a pour effet que N remonte. Au bout d'un temps qui correspond au décalage entre les deux courbes, G se met à suivre le mouvement, influencé qu'il est peut-être par N, par X, par les deux ou par autre chose encore. À partir de ce moment-là, l'influence que G est susceptible d'exercer sur N prend le dessus, avant que le phénomène X ne se manifeste à nouveau pour inverser la tendance de N, et ainsi de suite.

Bien entendu, de nombreuses variantes sont possibles pour expliquer ce qui se passe. À la foire aux hypothèses où toute recherche va puiser ses idées, l'abondance de théories n'est limitée que par l'imagination. Des raffinements de plus en plus subtils sont envisageables, qui concerneront la durée du phénomène X, la manière dont il se combine avec G, et ainsi de suite.

La foire aux hypothèses

Malgré, ou plutôt à cause de ses subtilités, le raisonnement précédent n'est pas sans provoquer une certaine gêne, car il donne une impression de bricolage. L'hypothèse selon laquelle G serait la cause, même partielle ou indirecte, de N est décidément bien alambiquée ; elle oblige à nombre de suppositions additionnelles encombrantes. En regard, l'idée que N est la cause de G est incomparablement plus naturelle, au point que l'on en vient à se demander pourquoi donc il nous vient à l'esprit de tenter de l'abandonner pour l'idée contraire, décidément bien difficile à défendre.

Si, voyant le temps que j'ai jugé bon de consacrer à cette dernière et étrange hypothèse, vous avez eu le sentiment que quelque chose avait dû vous échapper, rassurez-vous. Ne croyez pas qu'il existe un raisonnement élaboré, d'une complexité réservée aux esprits les plus subtils, à l'issue duquel il apparaîtrait que l'hypothèse que G est la cause de N serait plus plausible que l'hypothèse inverse. Face au décalage entre les deux courbes précédentes, les scientifiques les plus chevronnés raisonnent comme tout un chacun et concluent sans difficulté que, de toute évidence, c'est N qui est la cause de G. Pour rendre crédible l'idée que le lien causal aurait lieu dans l'autre sens, il faudrait d'abord mettre au jour cet hypothétique phénomène X, et établir comment il pourrait s'articuler avec N et G. Tant que rien n'est fait en ce sens, supposer que G est cause de N n'est rien de plus qu'une idée vague, à laquelle il n'y a aucune raison d'accorder un crédit particulier.

Il est temps de dire ce que signifient ces deux courbes qui, comme le lecteur s'en doute, n'ont pas été choisies au hasard. Elles correspondent à une reconstitution de l'historique des températures et des teneurs en gaz carbonique à l'échelle du globe sur plus de deux cent mille ans, obtenue à partir de l'analyse d'une carotte de glace extraite à Vostok, dans l'Antarctique. L'évolution des températures correspond à la courbe noire, celle de la teneur atmosphérique en gaz carbonique à la courbe grise. En d'autres termes, pour reprendre les notations précédentes, la température correspond à la grandeur N et la teneur en gaz carbonique à la grandeur G.

Les données tirées d'autres carottes glaciaires produisent un schéma général qui est toujours le même. Le décalage entre les deux courbes se compte en siècles, et il a toujours lieu dans le même sens. La valeur la plus couramment annoncée de ce décalage est de huit cents ans, mais différentes études ont donné des valeurs variables, allant jusqu'à un décalage de mille neuf cents ans. Le décalage le plus faible que l'on ait pu trouver est de deux siècles. Toujours dans le même sens, redisons-le. Personne, à l'heure actuelle, n'est en mesure de contester ces observations.

Pour être logique avec les considérations précédentes, nous sommes donc conduits à penser que selon toute vraisemblance, la température gouverne la teneur atmosphérique en gaz carbonique, et non l'inverse. À moins, donc, que l'on puisse démontrer l'existence d'un phénomène X dont l'effet correspondrait à ce qui est nécessaire pour inverser le lien causal (j'y reviendrai un peu plus loin).

Les premières mesures déduites des carottes de glace datent du début des années 80, avec notamment les travaux de Jean Jouzel (Centre national de la recherche scientifique) et de ses collaborateurs sur la carotte de Vostok. Les techniques disponibles à l'époque ne permettaient pas une résolution inférieure au millénaire, si bien que le décalage temporel entre les deux courbes était difficile à déceler. On pouvait toutefois le voir pour les périodes de glaciation car, comme il est manifeste sur le graphique donné plus haut, les refroidissements sont d'une manière générale plus lents que les réchauffements, ce qui rend plus apparent le décalage entre les courbes.

L'histoire précise de la manière dont les données des carottes de glace ont influencé le débat reste encore à écrire. On peut toutefois penser que l'ambiance intellectuelle du début des années 80 autour du carbocentrisme en plein essor explique en bonne partie pourquoi les carottes de glace ont d'abord été considérées comme un fort appui à l'idée que le gaz carbonique était la cause de l'évolution de la température : la corrélation était nette, et il ne fallait qu'un saut en apparence bien innocent pour déduire de cette corrélation un lien de cause à effet allant dans le sens de la théorie montante. Jouzel, aujourd'hui vice-président du GIEC, a déclaré le 20 novembre 2008 lors d'une conférence à l'université Paris-13 que les courbes de température et de concentration en gaz carbonique déduites des forages de Vostok « ont permis de voir [le problème], ce qui a contribué à la prise de conscience et à la création du GIEC ».

Le fait que la température « précède » le gaz carbonique d'environ huit cents ans (selon la durée aujourd'hui la plus couramment citée) a été clairement reconnu à partir de la fin des années 90. Les travaux de Jean-Robert Petit *et al.* et de Hubertus Fischer *et al.* en 1999, puis d'Éric Monin *et al.* en 2001, et enfin de Nicolas Caillon *et al.* en 2003, ont définitivement clos l'affaire. À présent, le seul repli possible pour les carbocentristes consiste à faire leurs les raisonnements compliqués qui tâchent d'introduire un phénomène X capable d'inverser, au moins partiellement et temporairement, le lien causal entre les deux grandeurs physiques. Dans la défense carbocentriste qui s'exprime un peu partout, de Jouzel aux sites internet carbocentristes de référence comme RealClimate, ce sont les « cycles de Milankovitch » *(voir chapitre 5)* qui en tiennent lieu. Sans entrer ici dans les détails, qu'il me suffise de mentionner qu'aucune étude dûment publiée n'a pour l'instant permis d'asseoir cette éventualité sur des bases solides. C'est même plutôt l'éventualité inverse qui semble se vérifier : selon un article de Gerard Roe paru en 2006 dans *Geophysical Research Letters*, les cycles de Milankovitch suffiraient à expliquer la plus grande partie des épisodes de glaciation et de déglaciation. Si cet article n'exclut pas de façon catégorique une possible influence du gaz carbonique, il ne lui permet pas de briguer davantage qu'un « rôle secondaire ».

La dangereuse puissance de l'imagination

Cette histoire des carottes de glace est riche d'enseignements. Le premier est que l'imagination est sans limite lorsqu'il s'agit de défendre un point de vue. Les scientifiques disposent de moyens quasiment infinis pour défendre une théorie et son contraire. C'est à cette aune que doit être jugé l'intérêt d'un critère comme le fameux « rasoir d'Occam », du nom de Guillaume d'Occam, qui passe pour en être l'inventeur au début du XIVe siècle (bien que diverses variantes soient plus anciennes, et se trouvent même chez Aristote, au IVe siècle avant notre ère). Dans sa présentation courante, le rasoir d'Occam stipule qu'entre deux théories, il vaut mieux retenir la plus simple en accord avec les observations. Commode à première vue, ce critère souffre de plusieurs graves défauts théoriques qui font qu'il n'a pas bonne presse : d'une part, il n'est pas toujours possible de se mettre d'accord sur la simplicité relative de deux théories concurrentes ; d'autre part, cette « prime à la simplicité » est difficile à soutenir en dehors d'un jugement esthétique extra-scientifique.

Malgré ces problèmes, le rasoir d'Occam n'est pas sans intérêt. Le premier de ses défauts ne se manifeste pas dans le cas qui nous concerne car, pour ce qui est de l'analyse des courbes données par les carottes de glace, la simplicité choisit très clairement son camp. Quant au second, il peut se résoudre dans certains cas en prenant du recul et en comprenant le rasoir d'Occam comme un garde-fou. Puisque l'imagination est sans limite – c'est sans doute même l'une des plus puissantes forces de l'esprit humain –, il est parfois nécessaire de la canaliser. Le rasoir d'Occam fournit une manière de le faire, en proposant une méthode pour confronter nos constructions intellectuelles à un critère neutre[1]. Une exégèse du rasoir d'Occam pourrait être : « puisque vous parviendrez toujours à concevoir des explications cohérentes à tout, lorsque viendra le moment de faire le tri, demandez-vous si vous avez vraiment fait autre chose que tordre vos raisonnements ou vos interprétations dans le but de faire l'économie d'une remise en cause ».

Face à une objection aussi frontale que celle des courbes des carottes glaciaires, la seule attitude acceptable pour les carbocentristes consiste à admettre franchement l'existence du problème. À la fin du XIXe siècle, lorsque apparut l'impossibilité de rendre cohérent un résultat théorique sur le « rayonnement du corps noir », résultat qui découlait pourtant logiquement de la physique classique alors en vigueur, aucun physicien n'eut l'idée incongrue de faire comme si de rien n'était : on parla de « catastrophe ultraviolette » pour désigner l'épineux problème qui se présentait à la sagacité des chercheurs. Non pas que ceux-ci décidèrent, face à cet unique phénomène, de jeter purement et simplement la physique classique aux orties. Celle-ci avait connu trop de succès par ailleurs pour que ce seul problème pût le justifier. Tout le monde n'en reconnut pas moins qu'il y avait là un sérieux défi à relever (qui, à terme, allait contribuer à la naissance de la physique quantique).

Aujourd'hui aussi, les grandes questions de la science font la une des journaux : matière noire, traitements contre le cancer qui se font attendre, répartition des nombres premiers, boson de Higgs… Les frontières du connu fascinent toujours, et le public aime qu'on lui parle de ce qui reste à découvrir. Pourtant, avec la climatologie telle qu'elle se vulgarise aujourd'hui, les points véritablement dérangeants ne sont que rarement évoqués. Si, pour faire bonne mesure,

1. Je dis « neutre », et non pas « objectif ». La simplicité est une notion subjective, mais on peut la considérer comme neutre dans la mesure où elle transcende le contexte auquel il s'agit d'appliquer le rasoir d'Occam.

les carbocentristes signalent à l'occasion qu'il reste des choses à découvrir, c'est pour mieux insister sur le caractère marginal de ces incertitudes, et dénier à celles-ci toute possibilité de bousculer leur théorie. Les sceptiques sont les seuls à tenter d'attirer l'attention sur le problème fondamental posé par les carottes glaciaires.

Encore une fois, même si, en tant que sceptique, le décalage entre température et gaz carbonique me semble décisif, je conviens volontiers qu'il serait excessif d'exiger des carbocentristes qu'ils abandonnent toute leur théorie sur la base de cette seule pierre dans leur jardin. L'histoire des sciences montre que s'il avait toujours fallu délaisser immédiatement une théorie dès lors qu'un élément en sapait les fondements, il aurait été bien difficile de bâtir quelque édifice scientifique que ce soit. Ainsi, en 1858, John Dawson crut identifier des fossiles organiques dans des roches datant du Précambrien et en déduisit que la vie avait déjà éclos à cette époque. Son observation était erronée, mais sa conclusion était juste.

Si l'exemple de Dawson est instructif, il ne doit pas conduire à tout accepter sous prétexte que la conclusion pourrait être juste même si le raisonnement est faux. L'on est en droit d'attendre des carbocentristes qu'ils reconnaissent loyalement les défauts de leur théorie. Il est regrettable que le GIEC soit aussi discret sur cette question cruciale posée par les carottes glaciaires. Ne pas dissimuler les éléments gênants, les exhiber, même, pour attirer l'attention sur la nécessité de parvenir à franchir un obstacle, est un impératif scientifique. Se dispenser de cet impératif marque l'existence d'un problème, qui a désormais aussi contaminé l'information du grand public : dans son film, Gore est allé, sans jamais être démenti par les nombreux et talentueux scientifiques qui l'entourent, jusqu'à présenter les résultats des carottes glaciaires comme une très naturelle *confirmation* des thèses carbocentristes, esquivant la question du décalage temporel entre les courbes[1]. Autant

1. Il dit dans son film : « Les relations [entre les deux courbes] sont en réalité très complexes, mais il en est une qui est beaucoup plus marquée que toutes les autres, et qui est la suivante : lorsqu'il y a plus de dioxyde de carbone, la température s'élève. » *(The relationship is actually very complicated, but there is*

que les défauts de plus en plus manifestes de la thèse carbocentriste, ce genre de distorsions des observations est inquiétant pour quiconque se préoccupe de la qualité des informations dispensées aux citoyens sur la question climatique.

Annexe
Inégalité de Koksma et moyennes de températures

Comment tirer parti de l'information fournie par des stations mal réparties à la surface de la Terre pour obtenir une estimation précise de la température globale ? Deux articles, signés de Samuel Shen *et al.* et publiés en 1994 et 1998, proposent une solution à cette question. Les auteurs y fournissent une méthodologie mathématique permettant de minimiser l'erreur commise dans l'évaluation de la température globale. L'intérêt de ce travail est réel, même s'il ne donne pas de moyen explicite d'estimer ne serait-ce que l'ordre de grandeur de cette erreur (il se contente de l'inférer d'une étude de cas portant sur les stations du Royaume-Uni).

L'inégalité de Koksma

Le résultat fondamental pour évaluer l'écart maximum entre moyenne vraie et moyenne estimée à partir d'un nombre fini de points est une inégalité démontrée en 1942 par le mathématicien Jurjen Koksma. Cette inégalité exprime cet écart à l'aide de deux quantités. La première, notons-là D, s'appelle la *discrépance*. Elle quantifie par un nombre entre 0 et 1 la plus ou moins bonne répartition des points à partir desquels se calcule la moyenne approchée. Plus les points sont bien disséminés, plus la valeur D est petite (c'est-à-dire proche de zéro) ; plus les points sont concentrés en une ou plusieurs zones et laissent des trous importants, plus D est proche de 1.

---

one relationship that is far more powerful than all the others, and it is this: when there is more carbon dioxide, the temperature gets warmer.)

points très rapprochés (discrépance élevée)

points assez bien dispersés (discrépance moyenne)

points très éloignés les uns des autres (discrépance faible)

La seconde quantité, notons-là V, est appelée *variation*. Elle exprime le maximum théorique de la somme des variations qui peuvent s'observer en mesurant la température en différents points. Moins la température est susceptible de fluctuer selon qu'on la mesure ici ou là, plus petite est la valeur de V. Une température identique en tous les points du globe aurait une variation égale à zéro, alors qu'une température qui passe par beaucoup de hauts et de bas présente une variation élevée (contrairement à D, la valeur V n'est pas limitée supérieurement).

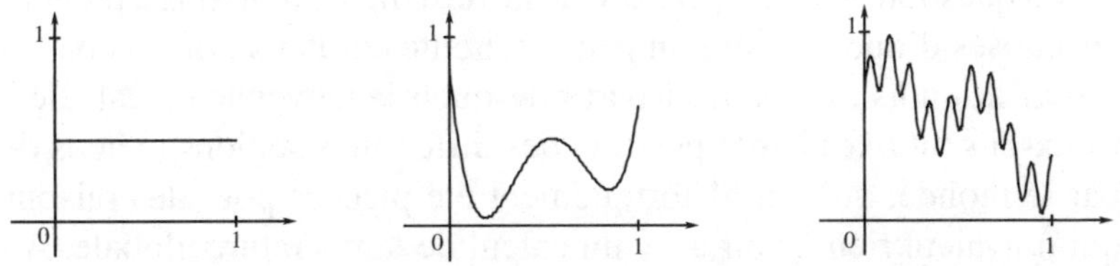

fonction à variation nulle

fonction à variation moyenne

fonction à variation élevée

En simplifiant un peu, l'inégalité de Koksma indique que l'erreur maximale que l'on peut craindre en approchant la température moyenne vraie de la Terre par une moyenne calculée à partir d'un certain nombre de stations météos est au plus égale au produit $D \times V$. Cette inégalité est la meilleure possible, au sens où, dans certains cas, l'écart est, pour l'essentiel, effectivement égal à ce produit.

Pour être sûr de ne pas perdre le lecteur, reprenons ces détails techniques de façon aussi simple que possible : l'écart entre la moyenne « vraie » d'une certaine grandeur et la moyenne calculée à partir d'un nombre fini de mesures disséminées un peu partout est au plus égal au produit d'une valeur D, expression de la dissémination de ces mesures, par une valeur V, qui exprime la variabilité de la grandeur à moyenner.

Modifier les poids plutôt que les points

L'inégalité de Koksma et ses généralisations constituent un outil très utile, y compris dans un domaine aussi abstrait que la théorie des nombres. Dans le cadre de son application à l'approximation de moyennes, puisqu'il n'y a en général aucune latitude sur la valeur de V (qui est intrinsèque à la grandeur à moyenner), le problème a souvent été de savoir comment il convient de répartir les mesures pour rendre la valeur D aussi petite que possible : c'est la recherche, toujours active, de « suites de points à discrépance faible ».

La question de la température de la Terre invite toutefois à prendre les choses d'une manière un peu différente car nous n'avons pas la liberté de choisir les points à partir desquels la moyenne est calculée. Ceux-ci sont fixés par la position des différentes stations météos de par le monde, qui ont historiquement été placées pour des raisons qui n'avaient rien à voir avec un calcul de température globale. Au vu de la répartition de ces stations, la valeur de D est probablement calamiteuse (elle n'a jamais été calculée explicitement). Cependant, tout n'est pas perdu. En effet, dans l'inégalité de Koksma, la moyenne des températures est calculée en attribuant la même importance à toutes les stations météo. En d'autres termes, on y effectue la somme de toutes les températures, que l'on divise ensuite par le nombre de stations (c'est la moyenne arithmétique). Cette manière de faire présente un défaut : disposer d'un grand nombre de stations en une même région fait que la moyenne accorde une importance excessive à cette région, d'où l'apparition d'un biais. Dans l'inégalité de Koksma, ce biais se lit sur le facteur D, qui augmente à mesure que l'on ajoute de nouveaux points concentrés en une même région. Or, il doit tout de même bien y avoir un moyen pour faire en sorte que disposer de *davantage* de stations météo ne conduise pas à *affaiblir* la précision du résultat !

La parade consiste à pondérer l'importance de chaque station météo en fonction de son éloignement des autres. C'est là l'un des objectifs principaux des articles de Shen *et al.*, même s'ils ne donnent pas de borne d'erreur théorique comme le permet l'inégalité de Koksma.

En réalité, la recherche de la pondération optimale en fonction des positions relatives des points n'est pas nouvelle. Une abondante littérature scientifique existe sur le sujet. Techniquement, il s'agit de définir une « discrépance pondérée » pour D, c'est-à-dire d'attribuer des « masses » aux points pour compenser les défauts dans leur dispersion. S'il n'y a certes pas encore eu de publication permettant de traiter explicitement le cas des stations météo à la surface de la Terre (et qui, pour l'occasion, donnerait une « inégalité de Koksma sphérique pondérée portant sur un espace fonctionnel normé »), l'obtenir n'a sans doute rien d'une entreprise hors de portée (même si une difficulté tiendrait au fait que les stations utilisées varient au fil du temps). N'ayant pas fait le calcul, je ne puis affirmer que le résultat donnerait du grain à moudre aux sceptiques du climat. À mon sens, l'intérêt premier d'un tel calcul serait de clarifier et de quantifier les hypothèses qui ne sont aujourd'hui qu'implicites sur les variations spatiales de la fonction température.

RÉFÉRENCES BIBLIOGRAPHIQUES

Le graphique de la température globale mesurée par le Centre Hadley est tiré du site internet WoodForTrees (http://www.WoodForTrees.org), une mine de données et de courbes sur le climat.

Le texte de Chip Knappenberger « A Cherry-Picker's Guide to Temperature Trends (down, flat – even up) » est paru en 2009 sur internet à l'adresse http://www.masterresource.org/2009/10/a-cherry-pickers-guide-to-temperature-trends/

Le rapport de John Daly sur les défauts dans la manière de déterminer une moyenne globale de températures se trouve sur son site, Still Waiting for Greenhouse, à l'adresse http://www.john-daly.com/ges/surftmp/surftemp.htm

John Daly est décédé en 2004, son site lui survit grâce à Jerry Brennan.

Une animation montrant l'évolution, dans la seconde moitié du XXe siècle, de la localisation des stations météo du GHCN (le réseau global de climatologie historique) utilisées pour le calcul de la température globale a été faite sur internet par Cort Willmott *et al.* (université du Delaware) : http://climate.geog.udel.edu/~climate/html_pages/ghcn_T_stn.html. On y voit deux chutes stupéfiantes de la quantité de stations utilisées, la première au début des années 80, la seconde au début des années 90.

La réplique de Jones à Hughes a été donnée lors d'un échange de courriers électroniques. Elle a été rapportée à de multiples reprises, notamment lors de l'audition du Congrès américain sur l'affaire de la courbe en crosse de hockey *(pour la référence, voir les notes bibliographiques du chapitre 2)*. Jones n'a jamais démenti avoir tenu ces propos, il semble même les avoir explicitement assumés. Quoi qu'il en soit, depuis le « Climategate », cette réplique n'est désormais plus guère qu'un exemple parmi bien d'autres.

Willis Eschenbach a raconté dans un joli texte sa lutte pour obtenir des données du CRU. Ce texte, qui cite de nombreux échanges de courriers extraits du fichier du « Climategate », se trouve sur internet par exemple à l'adresse http://omniclimate.wordpress.com/2009/11/24/willis-vs-the-cru-a-history-of-foi-evasion/

La polémique sur les données brutes utilisées par le CRU est détaillée sur le site internet de McIntyre, Climate Audit (voir, entre autres, http://www.climateaudit.org/?p=6797).

Les critiques les plus argumentées de l'étude de Steig *et al.* sur l'évolution de la température antarctique ont été celles de Ryan O, disponible sur le site internet The Air Vent de Jeff Id (mais, redisons-le, non encore publiées dans une revue reconnue) à l'adresse suivante : http://noconsensus.wordpress.com/2009/05/28/verification-of-the-improved-high-pc-reconstruction/

La réponse de Steig est parue sur le site RealClimate : http://www.realclimate.org/index.php/archives/2009/06/on-overfitting/

Notons que la discussion qui suit ce texte de Steig, malgré un début un peu chaotique, s'est déroulée dans un état d'esprit très constructif.

Les principaux articles publiés sur les mesures de température globale sont :

James Hansen & Serge Lebedeff, « Global Trends of Measured Surface Air Temperature », *Journal of Geophysical Research* 92, n° D11, p. 13345-13372, 1987 ;

Samuel Shen, Gerald North & Kwang Kim, « Spectral Approach to Optimal Estimation of the Global Average Temperature », *Journal of Climate* 7, n° 12, p. 1999-2007, 1994 ;

Samuel Shen, Thomas Smith, Chester Ropelewski & Robert Livezey, « An Optimal Averaging Method with Error Estimates and a Test Using Tropical Pacific SST Data », *Journal of Climate* 11, p. 2340-2350, 1998.

La synthèse de l'Académie américaine des sciences, *Surface Temperature Reconstructions for the Last 2,000 Years*, est disponible sur internet à l'adresse http://www.nap.edu/catalog/11676.html

Les résultats de l'opération SurfaceStations d'Anthony Watts sont régulièrement publiés sur son site internet : http://www.surfacestations.org

L'analyse de John Goetz sur le « coude » calculé par le GISS se trouve sur le site internet de Steve McIntyre : http://www.climateaudit.org/?p=3171

L'exposé de Marcel Leroux à l'Académie des sciences du 5 mars 2007 est disponible sur internet à l'adresse http://skyfall.free.fr/uploads/leroux-academiedessciences070305.pdf

Le graphe montrant les courbes de température et de concentration en gaz carbonique reconstituées à partir de la carotte de glace de Vostok a été réalisé par Joanne Nova (voir son site http://joannenova.com/au).

La défense carbocentriste du point de vue selon lequel le gaz carbonique commanderait la température, malgré le décalage inversé des deux courbes, se trouve exposée, entre autres, dans un texte de Jeff Severinghaus publié sur le site RealClimate : http://www.realclimate.org/index.php/archives/2004/12/co2-in-ice-cores/

Sur l'un des principaux sites internet carbocentristes français, Manicore, de Jean-Marc Jancovici, ceux qui s'interrogent sur le décalage entre les courbes de température et de gaz carbonique sont qualifiés de « pinailleurs » (voir http://www.manicore.com/documentation/serre/amortissement.html).

Sur la discrépance, l'inégalité de Koksma, ses généralisations et ses utilisations pour le calcul de moyennes, les ouvrages de référence sont :

Lauwerens Kuipers & Harald Niederreiter, *Uniform Distribution of Sequences*, Wiley-Interscience, 1974.

Gérard Rauzy, *Propriétés statistiques de suites arithmétiques*, Presses universitaires de France, 1976.

Michael Drmota & Robert Tichy, *Sequences, Discrepancies and Applications*, Springer-Verlag, 1997.

Harald Niederreiter, *Random Number Generation and Quasi-Monte Carlo Methods*, Society for Industrial and Applied Mathematics, 1992.

CHAPITRE 4

La religion du probable

L'erreur est un bon commencement pour la réflexion.
Alain, *Propos*, 1922

Parmi les arguments pour soutenir le carbocentrisme, il en est deux qui, bien que quelque peu déconnectés des sciences du climat proprement dites, sont avancés particulièrement souvent. Selon le premier, il aurait été établi qu'il y a une probabilité de plus de 90 % pour que les thèses carbocentristes soient fondées[1]. Selon le second, même en admettant que les risques d'un emballement majeur de la machinerie climatique terrestre soient faibles, il ne serait pas raisonnable de ne rien faire compte tenu des terribles effets qu'un tel emballement pourrait engendrer.

Même si, donc, ces arguments nous éloignent quelque peu du carbocentrisme lui-même, leur fort pouvoir de conviction justifie qu'on leur consacre quelques instants. Comme je vais tâcher de le montrer dans ce chapitre, le premier des deux arguments exploite la notion mathématique de probabilités de façon tellement abusive qu'il ne résiste pas à l'analyse. Quant au second, bien que pouvant se réclamer d'un patronage particulièrement prestigieux, il est rigoureusement indéfendable.

1. L'argument est en réalité un peu plus élaboré, nous y reviendrons en temps utile dans ce chapitre.

La géométrie du hasard

Pour des raisons de cohérence dans le raisonnement, nous allons nous intéresser d'abord au second des arguments ci-dessus, ce qui va conduire à un détour inattendu du côté de la théologie. Commençons par quelques présentations. *Apologie de la religion chrétienne* est le titre que Blaise Pascal voulait donner à un livre inachevé connu aujourd'hui sous le nom de *Pensées*. Cet ouvrage majeur de la philosophie occidentale a été publié pour la première fois en 1670, huit ans après la mort de son auteur, dans une édition couramment désignée sous le nom d'« édition de Port-Royal ».

Si les *Pensées* ont fait de son auteur une grande figure de la philosophie, Pascal est également connu pour ses travaux en sciences physiques, en particulier pour ses expériences sur le vide. Ce que l'on sait parfois moins, c'est que Pascal a aussi œuvré dans le domaine mathématique, laissant à la postérité de nombreuses et profondes idées, dont l'une va plus particulièrement nous intéresser ici : la théorie des probabilités. Pascal est le premier, semble-t-il, à en comprendre toute l'importance philosophique. Si l'on trouve certes, dès la Renaissance, diverses études combinatoires sur les jeux de dés, notamment chez Jérôme Cardan, Pascal réalise que l'oxymore général de « lois du hasard » possède un sens profond qui peut être compris dans un cadre rigoureux. Sa contribution mathématique proprement dite aux probabilités n'est pas son apport le plus décisif : en réalité, c'est plutôt Christiaan Huygens qui, quelques années plus tard, bâtira l'arsenal mathématique à partir duquel les probabilités pourront résolument partir à la conquête de l'incertitude. Le travail de Pascal n'en est pas moins remarquable, parce qu'il lance le premier véritable *programme de recherches* en probabilités. Il l'écrit dans une adresse à l'Académie des sciences en 1654, si splendide que je ne puis m'empêcher d'en citer au moins une partie : « [...] les résultats du sort ambigu sont justement attribués à la contingence fortuite plutôt qu'à la nécessité naturelle [...] grâce à la géométrie[1], nous [avons réduit la question] avec tant de sûreté à un art exact, qu'elle participe de sa certitude et déjà progresse audacieusement. Ainsi, joignant la rigueur des démonstrations de la science à l'incertitude du hasard, et conciliant ces choses en apparence contraires, elle peut, tirant son nom des deux, s'arroger à bon droit ce titre stupéfiant : la géométrie du hasard ».

Avec les probabilités, enfin, il allait donc être possible de quantifier l'incertitude, de dégager des lois statistiques, de faire des prévisions avec un degré de fiabilité connu à l'avance.

Fort de sa découverte, Pascal a alors une idée tout à fait originale : utiliser le formalisme des probabilités pour défendre le postulat selon lequel chacun de nous a intérêt à croire au Dieu des chrétiens. C'est le « pari pascalien », qui apparaît dans les *Pensées*. Voici, dans une présentation à peine modernisée, comment fonctionne cette étrange construction intellectuelle. Si l'impression vient ici au lecteur que nous nous éloignons quelque peu de notre sujet, je lui demande de m'accorder ces quelques lignes, car il est important de comprendre en profondeur la mécanique du pari de Pascal pour être à même de le démasquer derrière les divers déguisements dont il se pare dans bien des discours d'aujourd'hui, alarmisme climatique en tête.

Un étrange pari

Le pari pascalien a pour objet de nous convaincre non pas que Dieu[2] existe, mais que nous avons *intérêt* à y croire, au sens le plus mercantile de ce terme. Du strict point de vue de la structure du raisonnement et de sa validité logique, il y a une correspondance parfaite avec l'argumentation de certains militants de l'alarmisme climatique, mais restons-en pour l'instant à Pascal.

---

1. Pascal, comme il sera d'usage jusqu'au XIXe siècle, écrit « géométrie » pour ce que nous appelons mathématiques.

2. Nous ne nous intéressons ici qu'au Dieu des chrétiens, le seul que Pascal considère dans son pari.

Dans l'édition de Port-Royal des *Pensées*, le pari est précédé d'un avis indiquant que le pari est destiné à ceux qui « demeurent dans un état de suspension entre la foi et l'infidélité ». Pour emporter l'adhésion de ces « sceptiques », Pascal prend une perspective la plus neutre possible, en mettant de côté tout ce qu'il expose par ailleurs dans les *Pensées* (dans lesquelles le pari, d'ailleurs, n'occupe qu'une toute petite part) et en ne supposant aucune bienveillance de la part de celui qui doute. Cela implique en particulier que l'on se place dans le cadre d'une discussion entre personnes qui se veulent aussi rationnelles que possible (et je suppose que c'est aussi cet état d'esprit qui habite le lecteur). Le tour de force de Pascal est de parvenir, à partir d'une modélisation utilisant les jeux de hasard, à une démonstration apparemment imparable de ce que la croyance est le comportement le plus rationnel.

Au jeu de pile ou face, misons un euro sur pile : en cas de succès, quel doit être notre gain ? Chacun conviendra que, si l'on admet que la pièce est correctement équilibrée et lancée « au hasard », le gain devrait être égal à la mise, c'est-à-dire d'un euro. Dans d'autres jeux, les chances de gagner et de perdre ne sont pas les mêmes : à la roulette, par exemple, ou à un jeu de dés quelconque. Si, à un jeu de hasard donné, les chances de gagner sont, disons, de une sur vingt, il est raisonnable pour un joueur de demander à ce que, à chaque fois qu'il gagne, il emporte vingt fois sa mise. Tel est d'ailleurs le cas de la plupart des jeux de casino qui, à peu de choses près, donnent à chaque gagnant un nombre de fois sa mise inversement proportionnel à ses chances de gain. En un mot : lorsque vous gagnez à un jeu dans lequel vos chances sont de une sur *n*, la banque vous doit *n* fois votre mise (mise que, bien sûr, vous lui abandonnez lorsque vous perdez). Un tel jeu est dit *équilibré* : en un sens (mais en un sens seulement, comme j'y reviendrai plus loin), la règle ne fait de régime de faveur à personne.

En pratique, la réalité des jeux d'argent n'est jamais tout à fait équilibrée : à la roulette classique, par exemple, où les chances de tomber sur le bon numéro sont de 1 sur 37 (parfois 1 sur 38, voire 39), le casino, selon une pratique prédéfinie, donne au gagnant rarement plus que 36 fois sa mise. Le jeu est donc en réalité défavorable au joueur, qui ne récupère en moyenne que les (36/37)e de sa mise (soit environ 97,3 % au lieu de 100 %). *A contrario*, un casino qui offrirait 38 fois sa mise à un gagnant se montrerait d'une générosité qui attirerait à coup sûr les parieurs, qui repartiraient en moyenne avec 102,7 % de leur argent. C'est bien entendu en vain que l'on chercherait un établissement disposé à de telles largesses. Dans ce temple du jeu qu'est Las Vegas, les casinos désireux d'afficher leur bienveillance envers les joueurs affichent des pourcentages proches des 100 %, mais sans jamais les atteindre.

Venons-en au pari pascalien. De deux choses l'une : ou bien Dieu existe, ou bien il n'existe pas. Dans l'ignorance où nous sommes de ce qu'il en est, nous pouvons tenter d'attribuer une certaine probabilité à son existence : on peut dire, par exemple, qu'il y a 50 % de chances pour qu'il existe (et donc 50 % de chances pour qu'il n'existe pas). La question est de savoir, à l'instar d'un joueur de casino, quelle stratégie est la meilleure pour augmenter nos chances de « gain ». Le gain est quantifié par Pascal par notre vie elle-même, que l'on « mise » en pariant sur l'existence ou l'inexistence de Dieu. Une sorte de jeu de pile ou face, donc, mais avec une nuance de taille : si l'on parie sur l'existence de Dieu et que l'on gagne (c'est-à-dire que Dieu existe), alors le gain est la vie éternelle, que l'on peut raisonnablement représenter comme un gain d'une infinité de vies.

Pour Pascal, chacun de nous est malgré lui engagé dans le jeu. Si nous misons sur son existence, le gain est infini si Dieu existe, la perte est d'une vie dans le cas contraire (notre vie que l'on a sacrifiée à un dieu inexistant). Miser sur l'inexistence revient, en revanche, à profiter de la vie terrestre sans se poser de question (le gain final est d'une vie si Dieu n'existe pas, alors que la mise d'une vie est perdue s'il existe). Quelle est la meilleure stratégie à adopter ? *A priori*, la réponse dépend fortement de la probabilité que l'on accorde à l'éventualité que Dieu existe. Pascal, prudemment, ne se prononce pas sur la valeur de cette probabilité et laisse à chacun le soin de la fixer comme il veut : les plus rétifs à l'idée que Dieu existe peuvent la choisir aussi petite qu'ils le désirent, la seule contrainte étant que, hypothèse raisonnable, chacun convienne que l'existence de Dieu est *possible*.

La construction de Pascal est structurellement identique à celle de certains alarmistes du climat, qui posent eux aussi que nous sommes contraints à choisir d'adhérer ou non au carbocentrisme, que celui-ci n'est certes peut-être pas certain mais que, s'il se révélait avéré, ses conséquences en seraient pour ainsi dire infinies. Et jusque-là, les termes du pari, que ce soit celui de Pascal ou de l'alarmisme climatique, semblent tout à fait neutres, n'engageant pour ainsi dire personne à quoi que ce soit. D'ailleurs, redisons que Pascal n'a pas, dans son pari, l'intention de nous persuader que Dieu existe.

Pourtant, sans bruit, le piège s'est déjà refermé. Voici pourquoi.

Considérons un jeu de hasard qui, pour une mise de 1 euro, promet n euros en cas de gain. Comme nous l'avons dit, un tel jeu est favorable au joueur si la probabilité d'y gagner est d'au moins d'une chance sur n ; il est équilibré si cette probabilité est exactement d'une chance sur n ; il est défavorable au joueur si elle est inférieure. Pascal souligne que si l'on choisit de croire en Dieu et que les faits nous donnent raison (c'est-à-dire que Dieu existe), alors le gain est *infini*, exactement comme si le casino offrait une somme d'argent infinie au joueur qui tomberait sur le bon numéro. Même si les chances de gagner ne sont que d'une sur un million, le jeu reste favorable au joueur, puisqu'un million est plus petit que l'infini. Étant donné que le plus buté des incroyants aurait tout de même du mal à prétendre que l'existence de Dieu est impossible, il doit accorder à cette éventualité une certaine probabilité, disons 1 chance sur n, où n sera un nombre éventuellement gigantesque quantifiant, croit-il, son incrédulité… et devra ensuite reconnaître que, ce nombre étant de toute façon plus petit que l'infini, le jeu de la foi n'en est pas moins infiniment favorable au croyant.

Nous voilà donc, à ce qu'il semble, *mathématiquement contraints* d'admettre que nous avons intérêt à adhérer à la foi chrétienne.

Le pari de l'alarmisme

L'on ne saurait surestimer l'intérêt de la construction intellectuelle de Pascal. Le pari qu'il propose est révolutionnaire en ce qu'il constitue la toute première tentative de modélisation probabiliste d'un phénomène qui ne se résume pas aux classiques jeux de hasard. Plus profondément encore, c'est à une véritable perception probabiliste du monde qu'il nous convie. L'auteur des *Pensées* se joue des cadres de pensée habituels sur un ton d'une audace tout à fait stupéfiante. La formulation même qu'il emploie pour expliquer le pari, faite de vies gagnées ou perdues, a de quoi évoquer une discussion à propos d'un jeu vidéo. C'est ainsi que, bien que fautif, le pari pascalien me semble, pour reprendre le mot d'Alain, un bon commencement pour la réflexion.

Le raisonnement de Pascal s'adapte *mutatis mutandis* à n'importe quelle prédiction dont on reconnaît à la fois le caractère possible et extrême. « Possible » au sens qu'on lui accorde une certaine chance de se produire (sans nécessairement quantifier celle-ci), « extrême » au sens où les conséquences annoncées sont d'une ampleur telle qu'on peut l'envisager comme infinie. C'est donc le même raisonnement qui, dans la bouche de certains alarmistes du climat, est utilisé pour tenter de démontrer l'urgence de la réduction de nos émissions de gaz à effet de serre. Dans ce nouveau contexte, le raisonnement du pari se fonde simplement sur les deux constats suivants : d'une part, quelle que soit sa probabilité, le risque existe que les thèses carbocentristes soient fondées (qui oserait prétendre le contraire ?) ; d'autre part, dans ce cas, les malheurs qui vont s'abattre sur nous sont pour ainsi dire infinis. Pour l'anecdote, pour se convaincre de ce second point, il suffit de jeter un œil au site internet Number Watch de John Brignell. Brignell s'est malicieusement mis en devoir de rassembler la totalité des annonces d'événements, actuels ou futurs, ayant été imputés au moins une fois au réchauffement de la planète. Entreprise téméraire s'il en est : des désastres vertigineux (récession économique, guerres mondiales, épidémies et famines à l'échelle du globe…) ou minuscules (diminution de la production de sirop d'érable au Canada, migration d'araignées en Écosse…) aux événements les plus loufoques (la mort du monstre du Loch Ness) en passant par tout et son contraire (hivers plus chauds en un certain endroit du globe – ou plus froids ; hibernation raccourcie de telle espèce animale – ou allongée…), on trouve absolument de tout. Le site recense près de six cents événements, majeurs ou mineurs, venants ou à venir, possiblement issus des changements climatiques. Même en ne tenant compte que des catastrophes reconnues comme telles par les organismes les plus officiels du carbocentrisme (récessions économiques, « réfugiés climatiques », hausse dramatique du niveau des mers, chute de la production agricole mondiale, épidémies…), il ne semble pas déraisonnable d'assimiler tout cela à un coût infini – d'ailleurs, le compter comme un coût fini ne ferait qu'affaiblir la position carbocentriste.

Les failles du pari

Un minimum d'esprit critique suffit pour montrer que le pari pascalien est fallacieux. Il constitue le refuge potentiel à tant de théories fausses nous invitant à nous comporter comme ceci ou comme cela que lui céder revient à ne plus s'appartenir. Ainsi, personne ne peut nier de façon absolue qu'il y ait « une possibilité » pour que telle poudre de perlimpinpin guérisse le cancer : selon le raisonnement du pari pascalien, les malades doivent donc se précipiter dessus. Mais il y a aussi une possibilité pour que cette même poudre soit mortellement toxique : le pari pascalien commande alors de ne pas la consommer. Que faire ?

C'est ce genre d'objections toutes simples qui ont été, très vite, formulées contre le pari de Pascal. Un peu curieusement toutefois, il semble que les commentateurs et les critiques ne se soient guère penchés sur un aspect pourtant saillant du pari : son caractère rigoureusement mathématique. Le pari pascalien constitue un cas assez unique de démonstration mathématique à qui la contradiction a été portée de manière extérieure aux mathématiques. Plus fascinant encore : l'erreur mathématique qu'il contient n'a finalement été débusquée que trois siècles après Pascal, c'est-à-dire au milieu du XXe siècle.

Même si un peu de recul permet de se persuader du caractère erroné du pari pascalien, il me semble important d'en démonter les ressorts mathématiques, ne serait-ce que pour montrer comment cette discipline peut venir à bout de certains paradoxes apparents. De plus, s'il est vrai que le pari s'inscrit dans une réflexion beaucoup plus vaste, il n'en reste pas moins que, dans ce passage des *Pensées*, Pascal raisonne en mathématicien, et rien d'autre qu'en mathématicien ; il fait de son pari une construction autonome appuyée sur les probabilités, à l'exclusion de toute autre considération. L'analyse de ce pari doit donc se faire, me semble-t-il, en faisant abstraction du contexte plus général des *Pensées*, contexte qui ne saurait être en définitive que parasite (sauf sur un point qui sera mentionné en temps utile) pour étudier ce morceau de théorie des probabilités.

Une première faille mathématique dans l'argumentation de Pascal, d'ailleurs liée à certaines des considérations du chapitre 3, est qu'elle accorde une importance excessive à la notion de moyenne. La grande différence entre les jeux de hasard et le jeu de la vie, c'est qu'on ne peut jouer qu'une seule fois au jeu de la vie. Le sens d'une « moyenne des gains » y est donc peu clair. En effet, ce n'est que lorsqu'on joue un grand nombre de fois que l'équilibre statistique peut s'établir entre les pertes et les gains. Imaginons par exemple qu'à une loterie les six milliards d'êtres humains vivants aujourd'hui sur la Terre aient misé un euro et que l'unique gagnant en ait empoché douze milliards. Ce gagnant pourrait être un enfant de 7 ans vivant dans une famille de paysans chinois ; nul doute qu'il serait très fier d'avoir empoché deux fois plus que la totalité des mises, et nous pourrions être contents pour lui, mais il ne faudrait pas en oublier pour autant que, nous autres, aurions perdu.

Cette première faille mise à part, et sur laquelle on pourrait débattre, un mathématicien qui aurait discuté au XVIIe siècle avec Pascal aurait été bien en peine de trouver une erreur décisive dans son raisonnement. Et un mathématicien du XVIIIe, ou même du XIXe, n'aurait sans doute pas fait mieux. C'est seulement au XXe siècle que les outils mathématiques nécessaires à une analyse véritablement rigoureuse du pari pascalien ont été disponibles.

L'un de ceux qui a le plus contribué à l'édification de la théorie moderne des probabilités est un mathématicien français du nom d'Émile Borel. Même si son nom ne vous dit sans doute rien, il s'agit de l'un des plus grands mathématiciens de son époque. C'est dans une note, publiée en 1947 et qui semble être passée relativement inaperçue, que Borel s'attaque aux ressorts mathématiques du pari pascalien. Cette note d'à peine une page bannit à jamais le raisonnement pascalien de tout argumentaire fondé sur la raison. Parce que son contenu serait un peu trop technique à détailler (il repose sur des sommes infinies), je vais ici donner une présentation un peu différente.

Le premier point qu'établit Borel est que, dans le cadre de la théorie des probabilités, une éventualité peut être possible tout en étant néanmoins de probabilité nulle. Pour donner un exemple simple, imaginons que l'on choisisse au hasard un point d'une cible circulaire (par exemple en lançant une fléchette, cette fléchette étant supposée ne toucher la cible qu'en un seul point). Quelles sont nos chances d'atteindre un point particulier de la cible, par exemple son centre exact ? En admettant que le lancer de la fléchette se fait vraiment au hasard, il n'y a pas plus de chances d'atteindre un point plutôt qu'un autre. Tous les points ont les mêmes chances d'être atteints. S'il y avait mille points sur la cible, chaque point aurait donc une chance sur mille d'être le bon. Mais un disque contient une infinité de points : si chacun avait une chance non nulle, alors le total des chances dépasserait les 100 %, ce qui n'est pas possible. Chacun des points de la cible a donc « zéro chance » d'être atteint – et pourtant, l'un d'eux le sera bel et bien.

La théorie des probabilités permet donc à l'incroyant (ou au sceptique du climat) de proposer une probabilité nulle à l'éventualité que Dieu existe (ou que le carbocentrisme soit fondé), sans faire de lui un négateur de cette éventualité. En effet, ce qui précède montre qu'il existe des contextes probabilistes où ces deux attitudes ne sont pas contradictoires ; et puisque nous ignorons tout du contexte probabiliste qui concerne l'éventualité de l'existence de Dieu (ou de la réalité du carbocentrisme), rien n'interdit de façon catégorique que ce contexte probabiliste soit équivalent à celui du lancer d'une fléchette sur une cible.

Avant d'approfondir ce choix d'une probabilité nulle, qui mérite bien entendu qu'on s'y attarde, voyons comment se conclut le raisonnement de Borel. Une fois assignée une probabilité nulle à une éventualité (l'existence de Dieu) qui, si elle se produit, apporte un gain infini, que devient la conclusion ? Mathématiquement, tout revient à déterminer le résultat de la multiplication de zéro (la probabilité de gagner) par l'infini (la valeur du gain). C'est là la préoccupation centrale de Borel, dont l'introduction rappelle la difficulté de cette question : « On sait que le produit de zéro par l'infini est, en principe, indéterminé, mais que lorsqu'une expression algébrique ou analytique prend cette forme, il est souvent possible de déterminer sa *vraie valeur*[1] qui peut être un nombre fini, ou zéro, ou l'infini. » Tous les étudiants en sciences connaissent cet éternel problème des « formes indéterminées » qui surgissent parfois au fil d'un calcul. Tous savent que, face à l'une d'elles, il convient d'être particulièrement vigilant, la moindre erreur pouvant déboucher sur un résultat sans aucun rapport avec la réalité.

Dans le cas du pari pascalien, notre multiplication de zéro par l'infini vaut… zéro[2]. Le jeu est donc désavantageux pour le joueur : même infini, le gain apporté ne compense pas la nullité de sa probabilité.

Il est remarquable qu'une question aussi cruciale que celle posée par le pari pascalien trouve finalement sa conclusion dans ce qui peut apparaître comme une simple convention mathématique. Mais qu'on ne s'y trompe pas : ce choix de poser ici que zéro fois l'infini égale

1. Italiques dans l'original.

2. Une façon de s'en convaincre consiste à envisager le produit de deux nombres *a* et *b* comme l'aire d'un rectangle de côtés *a* et *b*. Lorsque *a* vaut zéro et *b* l'infini, le rectangle devient une droite, qui n'englobe aucune surface, d'où la nullité de l'aire et, donc, du produit.

zéro n'a rien d'arbitraire. Il s'articule parfaitement avec l'ensemble de la théorie des probabilités. Tout choix alternatif aurait pour effet de faire voler en éclats cette théorie dans son ensemble, rendant impossible l'utilisation cohérente de la théorie des probabilités sur laquelle le pari pascalien se fonde. Ainsi s'imposent ces mots qui finissent la note de Borel : « La conclusion est que, dans la controverse du pari de Pascal, comme dans bien d'autres controverses philosophiques, le mathématicien doit rester neutre ; il ne peut tirer de sa science aucun argument décisif pour ou contre. »

Extrémisme sceptique ?

Il peut sembler tout à fait excessif d'assigner une probabilité nulle à l'éventualité que les arguments carbocentristes soient fondés. Même si, comme nous l'avons dit, un tel choix ne constitue pas une négation absolue, il est compréhensible qu'un tenant du carbocentrisme nous reproche une telle position. De même, dans l'Europe intellectuelle du temps de Pascal, il pouvait certes être possible de se montrer critique envers la religion chrétienne, mais il n'était sans doute pas imaginable, en revanche, d'aller dans le scepticisme de façon trop profonde – c'est en cela que le contexte des *Pensées* est important pour le pari.

S'attaquer de façon frontale et absolue à un dogme culturel établi est difficile, pas nécessairement en raison d'une quelconque censure, mais tout simplement parce qu'il est délicat, même pour les plus critiques, d'aller contre un contexte qui, d'une manière ou d'une autre, fait aussi partie d'eux. C'est sans doute pour une raison comparable que tant, parmi les sceptiques du climat eux-mêmes, ne s'autorisent guère à proposer sans détour que l'influence du gaz carbonique sur le climat est nulle : beaucoup d'entre eux préfèrent évoquer une influence limitée, ou mineure.

En science, une position mi-chèvre mi-chou dictée par le désir d'accorder des gens de bonne compagnie doit être regardée avec circonspection (ce qui ne veut pas dire qu'elle soit fausse par principe).

En effet, contrairement peut-être à ce qui a cours ailleurs, dans la sphère scientifique les opinions du jour qui apparaissent comme modérées n'ont pas à bénéficier d'une bienveillance particulière. Lorsqu'à partir du XVIe siècle se posa la question de savoir qui, des Anciens qui faisaient tourner Soleil et planètes autour de la Terre ou de Copernic qui faisait l'inverse, était dans le vrai, Tycho Brahé tenta une « conciliation » : il fit tourner les planètes autour du Soleil et le Soleil autour de la Terre. L'histoire n'a pas donné raison à cette proposition intermédiaire, et c'est bien l'une des positions extrêmes, en l'occurrence celle de Copernic, qui a triomphé[1]. En science, l'extrême n'est pas l'extrémisme, et trois fois rien ne finissent pas toujours par faire ne serait-ce qu'un petit quelque chose.

« Très probable »

Bien sûr, nous ne pouvons pas nous contenter d'affirmer sans plus d'examen que la probabilité des thèses carbocentristes est nulle. Le raisonnement qui précède en finit certes avec le pari pascalien en tant que tel, mais ne nous autorise pas à choisir arbitrairement la probabilité qui nous arrange.

Toute la question est à présent de savoir quelle est la probabilité que les pronostics catastrophistes des carbocentristes se réalisent effectivement. Pour cela, tournons-nous vers le dernier rapport du GIEC, paru en 2007. Celui-ci a de quoi retenir notre attention car, pour l'essentiel, il n'est qu'une longue énumération de probabilités, exprimées sous une forme inventée pour l'occasion. La terminologie normalisée du GIEC est donnée par les deux tables suivantes.

1. On pourrait toutefois discuter de la valeur de ce système intermédiaire, qui garde un intérêt technique réel pour une situation aussi concrète que celle d'envoyer une sonde spatiale sur une autre planète.

Lorsque le degré de confiance dans la justesse d'un résultat est de	*on parle de*
au moins 9 chances sur 10	degré de confiance très élevé
environ 8 chances sur 10	degré de confiance élevé
environ 5 chances sur 10	degré de confiance moyen
environ 2 chances sur 10	faible degré de confiance
environ 1 chance sur 10	très faible degré de confiance

Lorsque la probabilité de réalisation d'un événement ou d'un résultat est	*l'événement ou le résultat est dit*
supérieure à 99 %	pratiquement certain
supérieure à 90 %	très probable
supérieure à 66 %	probable
supérieure à 50 %	plus probable qu'improbable
entre 33 % et 66 %	à peu près aussi probable qu'improbable
inférieure à 33 %	improbable
inférieure à 10 %	très improbable
inférieure à 1 %	exceptionnellement improbable

Notons l'honnêteté qui consiste à ne pas donner de valeur exacte mais seulement des intervalles (dont les limites doivent être comprises comme « floues » *(fuzzy)*, selon le terme employé dans le guide pour la détermination de l'incertitude – une précision qui ne figure malheureusement pas dans le rapport de synthèse). Honorable prudence également de ne jamais parler de certitude absolue.

Il n'est pas nécessaire de faire ici la liste des probabilités attachées à l'éventualité d'une montée des océans, de la banalisation d'épisodes caniculaires, de la fonte des glaces polaires ou encore de l'augmentation de la violence des cyclones. Qu'il suffise de savoir qu'à ces événements, et à bien d'autres plus ou moins dramatiques, sont en général associés des probabilités supérieures à 50 %. Le vocable de « très probable » revient fréquemment dans le rapport du GIEC, qui regorge d'items comme « Il est *probable* que les vagues de chaleur sont devenues plus fréquentes sur la majeure partie des terres émergées » (page 40 du rapport de synthèse 2007), ou « [o]n peut affirmer avec un *degré de confiance très élevé* qu'en moyenne, les activités humaines menées depuis 1750 ont eu globalement un effet de réchauffement net… » (page 48).

Dès lors qu'on a affaire à des probabilités non nulles, le raisonnement de Pascal, ainsi que sa conclusion, redeviennent défendables. Doit-on donc, à l'instar de l'incroyant à qui s'adressait Pascal, convenir que notre intérêt est tout de même de nous soumettre aux prescriptions carbocentristes ? Tel n'est le cas que si les probabilités proposées par le GIEC sont valides. Alors même que ce point est d'une importance évidente, il est très rare qu'il fasse l'objet d'une réflexion. La question de la pertinence de ces probabilités est pourtant essentielle.

Quantifier l'incertain

Comment affecte-t-on une probabilité à un événement ? Il n'y a pas aujourd'hui accord général sur la meilleure manière de procéder, et ce serait sortir du sujet du présent ouvrage que de présenter un état même partiel de cette question. Nous nous en tiendrons donc à quelques considérations générales, tout à fait suffisantes pour ce qui nous intéresse.

À l'heure actuelle domine l'approche dite *fréquentiste*, devenue prépondérante en statistiques depuis la seconde moitié du XXe siècle, notamment sous l'impulsion de l'un des pionniers des statistiques modernes, Ronald Fisher[1]. Selon l'approche fréquentiste, une probabilité n'est rien d'autre qu'une moyenne réalisée sur un grand nombre d'observations (dans la définition donnée par Fisher dans son

1. Les travaux de Fisher ne sont toutefois pas tous d'inspiration fréquentiste.

article fondateur de 1922, il faut même englober toutes les observations possibles, en nombre infini). La probabilité d'obtenir pile en lançant une pièce de monnaie s'évalue donc en lançant la pièce un grand nombre de fois et en effectuant le rapport entre le nombre de piles obtenu et le nombre total de lancers.

En France, les indices de fiabilité donnés par les prévisions météorologiques relèvent de ce genre d'approche. Malgré la puissance des ordinateurs actuels, la prévision du temps qu'il fera dans une semaine est un exercice ardu, que l'on ne peut pas effectuer aujourd'hui en toute certitude. Pour évaluer la fiabilité d'une prévision, la technique consiste à modifier légèrement les données pour étudier les modifications que cela induit dans l'évolution de la météo. En considérant une cinquantaine de variantes légères sur les paramètres initiaux (et en simplifiant un peu le modèle, pour des raisons de temps de calcul), il est possible de tester la « robustesse » de la prévision originale : si les cinquante variantes conduisent toutes au même type de temps une semaine plus tard, il est raisonnable de considérer que notre première prévision est fiable. En revanche, si les variantes conduisent à des résultats fortement divergents, il est manifestement beaucoup plus hasardeux de se fier à l'une quelconque d'entre elles. Selon la proportion de résultats convergents, l'on peut soit faire une prévision assortie d'un certain indice de fiabilité, soit considérer qu'aucune prévision n'est suffisamment fiable pour mériter d'être donnée.

S'il est bien sûr toujours possible de se demander si cinquante essais sont suffisants, s'ils sont effectués à partir de modifications convenablement choisies, ou encore si les simplifications imposées par les temps de calcul sont légitimes, l'on doit tout de même convenir que la démarche générale est raisonnable. Elle est, de plus, susceptible de vérification expérimentale, en examinant si les prévisions disposant d'un indice de fiabilité de, disons, 3/5 se révèlent effectivement exactes environ trois fois sur cinq.

Le point de vue fréquentiste est, selon ses partisans, le plus « objectif », car il ne suppose aucun choix *a priori* et se contente d'expériences « neutres », indépendantes des inclinations de l'observateur. Un fréquentiste ne peut donc que déplorer que les probabilités attribuées par le GIEC ne soient jamais déterminées de cette manière. Pour satisfaire les fréquentistes, il faudrait que nous puissions rapprocher l'épisode climatique actuel de suffisamment d'épisodes passés voisins (ce qui, au vu de l'incertitude sur les données, est de toute façon aujourd'hui hors de portée), ou, au moins, que nous disposions de modèles climatiques suffisamment performants pour effectuer des tests probants (ce qui n'est pas le cas – *voir chapitre* 5), à l'instar de ce qui se fait en météorologie.

L'autre approche statistique pour affecter une probabilité à un événement est dite *bayésienne*, en référence au théorème sur lequel il s'appuie, démontré par Thomas Bayes au XVIIIe siècle. Bien que la perspective bayésienne ait été utilisée en statistiques dès le XVIIIe siècle par Pierre-Simon Laplace, celle-ci a été mise sous l'éteignoir durant une bonne partie du XXe siècle en raison de l'émergence du point de vue fréquentiste. Toutefois, l'approche bayésienne bénéficie depuis quelques années d'un regain d'intérêt, pour des raisons aussi bien philosophiques que pratiques.

Pour un bayésien, ce qui nous fait dire qu'une pièce de monnaie a une chance sur deux de tomber sur pile n'est pas (ou pas seulement) l'expérience, mais aussi une opinion *a priori* : le fait que la pièce ait une forme symétrique, ou que rien, dans le lancer, ne favorise l'une ou l'autre des faces. Le point de vue bayésien accepte et intègre dans les calculs ce genre d'estimations fondées sur l'opinion de celui qui étudie. Les bayésiens considèrent qu'ils tirent ainsi profit des connaissances déjà disponibles sur la situation, là où les fréquentistes ne voient que l'irruption d'une subjectivité malvenue.

Si les deux points de vue conduisent à une manière quelque peu différente de faire des statistiques, elles n'en fournissent pas moins des résultats qui, bien souvent, sont similaires. On observe toutefois, dans certains cas, des divergences spectaculaires, qui nourrissent le débat.

Le GIEC est-il fréquentiste ou bayésien ?

Selon le rapport du GIEC, les « degrés de confiance » (première table) sont appropriés « [l]orsque l'évaluation de l'incertitude est plutôt quantitative et fondée sur un avis autorisé quant à l'exactitude des données, des analyses ou des modèles utilisés». On peut considérer qu'il s'agit là d'un point de vue nettement bayésien. Quant aux «fourchettes de probabilité» (seconde table), elles s'imposent, selon le GIEC, «[l]orsque l'évaluation de l'incertitude concerne des résultats précis et qu'elle est fondée sur un avis autorisé et une analyse statistique d'une série d'éléments probants (par exemple des observations ou des résultats de modèles)». Se lit donc ici une sorte de mélange entre fréquentisme et bayésianisme. La différence entre les deux tables semble surtout tenir à la nécessité, dans la seconde, d'avoir recours à un point de vue au moins partiellement fréquentiste. À vrai dire, je doute que ces explications laconiques accompagnant les tables de conversion du rapport 2007 du GIEC aient effectivement permis à ses lecteurs de percevoir la différence, subtile mais essentielle, entre les deux types d'expression.

Quoi qu'il en soit, il pourrait sembler qu'il suffit aux carbocentristes d'embrasser la philosophie bayésienne pour défendre leur cause. En réalité, même en admettant le principe de fixer des «probabilités *a priori*» à partir de simples avis, le point de vue bayésien ne permet pas de légitimer les valeurs du GIEC.

Pour définir ses probabilités *a priori*, le statisticien bayésien dispose de deux moyens, qui peuvent bien sûr se combiner. Le premier consiste à déduire les probabilités d'un principe général, comme le «principe d'indifférence». Ce dernier postule qu'en l'absence d'information particulière, il n'y a pas lieu de distinguer entre diverses éventualités équivalentes. Par exemple, un bayésien dira qu'une pièce de monnaie a la même probabilité *a priori* de tomber sur pile ou sur face, d'où il s'ensuit que chacune des faces a une probabilité de 50 % de sortir lors d'un lancer[1].

Lorsque la situation est trop floue pour se prêter à ce type de calcul, l'autre moyen consiste à s'en remettre à l'opinion d'un ou plusieurs

1. Convenablement appliqué, le principe d'indifférence permet d'obtenir, dans certains cas, des formules très précises, beaucoup plus subtiles que le simple exemple d'une pièce de monnaie.

experts. C'est ce qu'évoque le GIEC en parlant d'« avis autorisé ». L'idée consiste à réunir une assemblée de spécialistes sur un sujet donné ; chacun d'eux présente son avis et le confronte à celui des autres et, à l'issue de la discussion, l'on tente de dresser une liste de probabilités qui fait la part des choses.

Un vernis de probabilités

Il ne saurait être question de prendre ici parti pour le point de vue bayésien ou fréquentiste, mais, puisque seul le point de vue bayésien peut éventuellement défendre les probabilités du GIEC, il est logique de prendre une perspective bayésienne pour étudier le problème. Or, même si le point de vue bayésien accepte d'intégrer la subjectivité d'un ou plusieurs « experts » dans des probabilités *a priori*, il ne présage en rien de la fiabilité de ces experts.

L'efficacité des méthodes bayésiennes, par exemple en statistique médicale, tient en bonne partie au fait que les probabilités *a priori* données par les experts sont celles de personnes qui disposent de connaissances suffisantes pour que leur avis soit effectivement porteur d'une certaine information. Ce n'est pas une confiance gratuitement donnée, car le travail d'un statisticien bayésien est loin de se réduire à la compilation de votes d'experts : une fois collectées les probabilités *a priori*, tout un travail reste à mener pour l'analyse des données issues des observations faites par ailleurs. C'est l'adéquation des résultats de ce travail avec la réalité étudiée qui, dans certains cas, autorise à penser que les experts initiaux ont effectivement apporté une information utile.

De même qu'en l'absence de confrontation expérimentale une théorie scientifique ne peut avoir force de loi, en l'absence de confrontation statistique les avis d'experts ne peuvent avoir force de probabilité. Lorsque, mi-2008, des spécialistes annonçaient que la banquise arctique avait « 50 % de chances » de fondre entièrement à la fin de l'été, il s'agissait d'une affirmation à laquelle nul statisticien, fréquentiste ou bayésien, ne pouvait donner le moindre sens. Il aurait fallu, d'une manière ou d'une autre, pouvoir tester plusieurs fois (pour un fréquentiste), ou utiliser cette probabilité *a priori* pour mener des calculs que l'on aurait ensuite confrontés à des observations (pour un bayésien[1]). En l'occurrence, la seule chose qu'il a été possible de faire a été d'attendre, pour finalement constater… que la banquise est loin d'avoir entièrement fondu en 2008, finissant même la saison en nette augmentation par rapport à l'année précédente *(voir chapitre 6)*.

La cote des chevaux

Du point de vue conceptuel, les probabilités données par les experts du GIEC peuvent se rapprocher des cotes des chevaux de course. Lors d'une telle course en effet, les turfistes donnent chacun leur avis et, même si la course n'a lieu qu'une fois, il se dégage bien quelque chose comme des probabilités au travers des cotes des chevaux. Un cheval ayant de bonnes chances aura une cote faible (et rapportera donc moins au parieur qui aura gagné en misant sur lui), et inversement.

Deux différences théoriques séparent toutefois la communauté des turfistes de celle des chercheurs du GIEC, les deux en défaveur de la seconde. La première est que, pour ce qui concerne le réchauffement, la course se destine à se dérouler sur plusieurs décennies. Difficile, dans ces conditions, de savoir quel crédit accorder à l'avis des experts : quels lecteurs vivront assez longtemps pour savoir si les annonces sur le climat en 2100 seront réalisées ? Le bilan des cotes n'est pas le bilan des courses : seul ce dernier permet de se faire une idée de la compétence des turfistes.

La seconde différence découle de la première : puisque, dans le cas du climat, nul tableau final ne saurait nous permettre de trancher

1. Un bayésien aurait peut-être pu accepter l'application du principe d'indifférence à la courbe exprimant la taille de la banquise au fil du temps. Pour ce que j'en sais, aucun calcul de ce genre ne semble avoir été effectué.

dans un délai raisonnable, l'intérêt objectif des chercheurs n'est pas de faire les prévisions les plus exactes, mais bien celles qui seront les plus écoutées[1]. Alors que ce que gagne un turfiste est perdu par un autre, les membres du GIEC ont un intérêt commun : celui d'afficher la plus grande unité possible, pour assurer à leur avis un rayonnement maximum. Le GIEC n'existe que parce que nous sommes censés avoir un problème : que le problème disparaisse, le GIEC disparaît aussi[2]. Dans ces conditions, se fier à l'avis de ses membres, si honnêtes qu'ils soient, reviendrait à se fier à un vote d'experts théologiens pour déterminer la probabilité que Dieu existe et en déduire comment nous comporter face au pari pascalien.

Bien sûr, le procédé consistant à effectuer une synthèse des avis des experts pour tirer des conclusions n'est pas condamnable en soi – il faut bien prendre des décisions. Néanmoins, puisqu'il n'est pas réellement possible, en l'occurrence, de confronter l'avis de ces experts à la réalité, même statistique, il n'est pas fondé de prétendre traduire ces avis en probabilités. Ils doivent être compris pour ce qu'ils sont : *de simples avis*, que l'on peut espérer « autorisés » mais dont nulle quantification probabiliste n'est légitime. Il est bien connu que, dans notre univers médiatique, les « chiffres » disposent d'un pouvoir de conviction très élevé. Il est donc nécessaire de se montrer très prudent avant d'y avoir recours. Utiliser des probabilités chiffrées est sans doute efficace du point de vue médiatique, mais le procédé n'en est pas moins trompeur. Pour des raisons diverses, le grand public comprend en général très mal ce que signifie une probabilité ; il est à craindre que beaucoup de décideurs considèrent les

1. Je ne suggère ni de près ni de loin une quelconque malhonnêteté : il ne s'agit ici que d'un intérêt objectif, dont on ne peut nier la possible influence inconsciente.

2. Rappelons ici la mission officielle du GIEC : « évaluer, sans parti pris et de façon méthodique, claire et objective, les informations d'ordre scientifique, technique et socio-économique qui nous sont nécessaires pour mieux comprendre les fondements scientifiques des risques liés au changement climatique d'origine humaine, cerner plus précisément les conséquences possibles de ce changement et envisager d'éventuelles stratégies d'adaptation et d'atténuation ».

probabilités du GIEC comme autant de « preuves issues de calculs » de la réalité du carbocentrisme. De récentes interventions publiques d'un ancien Premier ministre ainsi que de l'actuel président de la République à propos de la question du réchauffement climatique – que visiblement il confondent partiellement avec celle du trou de la couche d'ozone – ont malheureusement illustré à quel point des concepts scientifiques même simples peuvent être mal assimilés, y compris au plus haut niveau de l'État.

Il convient donc de prendre conscience du fait que l'évaluation probabiliste de la fiabilité des annonces du GIEC n'est pas le résultat de calculs : ils ne sont rien de plus qu'une manière d'exprimer une subjectivité collective, et il est illégitime d'accorder à ces probabilités le prestige ordinairement attaché aux « chiffres » en général.

Une fois débarrassés de ce vernis de chiffres, il reste encore important de s'interroger sur le degré de pertinence éventuel du point de vue des experts. Selon l'opinion de beaucoup de sceptiques, l'état de nos connaissances sur le climat est encore trop fragmentaire pour que quiconque dispose d'un avis méritant le qualificatif d'« autorisé »[1]. Les divers points évoqués dans cet ouvrage me semblent aller clairement dans ce sens, même si cela ne signifie pas, bien entendu, que personne ne serait compétent sur rien.

Une lutte sans inconvénient ?

Finissons ce chapitre sur un point, souvent avancé dans le débat, concernant les effets à attendre d'une lutte contre le réchauffement climatique. Selon bien des promoteurs du carbocentrisme, une telle lutte ne présenterait aucun inconvénient ; certains soutiennent même

1. Cette affirmation n'implique pas que les sceptiques en général (et l'auteur de ces lignes en particulier) seraient de meilleurs spécialistes que les carbocentristes. Elle se fonde simplement sur cette idée évoquée en avant-propos : face à un pilote chevronné qui prétendrait aller sur la Lune avec un avion de ligne, chacun serait fondé à se montrer sceptique, y compris quelqu'un qui n'a jamais piloté un avion.

qu'elle aurait de grands effets collatéraux positifs, par exemple sur la situation économique.

Certes, une lutte massive contre la « crise climatique », même vaine, aurait des effets positifs ici et là. Par exemple, David Evans a évoqué, dans une présentation de 2007, tout ce que l'affaire du carbocentrisme lui a permis de faire comme travail utile dans le domaine de la modélisation de l'activité de la flore australienne. Comme n'importe quelle action à grande échelle, la « lutte contre le réchauffement » se targuerait forcément d'au moins quelques retombées utiles.

Malheureusement, il n'est pas possible de s'en tenir là : une telle posture reviendrait, dans le cadre du pari pascalien, à supposer au départ que le croyant récupérait de toute façon davantage que sa mise, que Dieu existe ou pas. On voit mal, dans ce cas, où serait le « pari ». De même, considérer comme allant de soi que les efforts à consentir pour diminuer nos émissions de gaz à effet de serre seraient de toute façon bénéfiques (indépendamment de l'impact sur le climat) relève d'un acte de foi.

Selon certaines estimations, le total des dépenses engagées dans les recherches liées au carbocentrisme est de cinquante milliards de dollars sur une vingtaine d'années, une somme démesurément supérieure à celle qui aurait été consacrée aux sciences du climat dans un contexte normal. Et l'engagement n'est pas que financier, il a aussi mobilisé un grand nombre de ressources essentielles : activités de laboratoires de recherche, ingénierie et réalisations industrielles… autant d'efforts dont la possibilité n'est pas sortie du néant. Durant toutes ces années, combien de projets scientifiques prometteurs n'ont pu être réalisés faute d'argent ? Autre exemple : en juillet 2008, les pays du G8 (Allemagne, Canada, États-Unis, France, Italie, Japon, Royaume-Uni, Russie) ont annoncé leur engagement de consacrer six milliards de dollars à des fonds d'investissement pour le climat, l'un d'eux étant destiné à aider les pays pauvres à s'adapter aux changements climatiques. Cet argent a été prélevé sur des fonds initialement destinés à des programmes sanitaires et éducatifs pour ces pays.

Celui qui s'alarme du « réchauffement climatique » pourra certes défendre comme légitimes de tels choix, arguant de ce que les contraintes budgétaires ainsi que l'arithmétique des souffrances imposent bien souvent des choix douloureux. Cet avis est défendable, mais le point demeure : la lutte contre la « crise climatique » n'a rien de gratuit. Même si certains choisiront toujours d'avoir tort avec Pascal plutôt que raison avec Borel.

La théorie des probabilités peut nous permettre de comprendre les lois du hasard, à défaut de les maîtriser. Dans certains cas, elle nous permet ce prodige : quantifier l'incertitude. Malheureusement, aussi bien pour la question de l'existence de Dieu que pour le système climatique, nous ne sommes pas aujourd'hui dans l'*incertitude*, mais dans l'*ignorance*. L'*incertitude* est l'état où se trouve un joueur qui se demande quelles sont ses chances de gagner à la roulette. L'*ignorance* est la situation d'un joueur qui se demande quelles sont ses chances à un jeu dont il ne connaît pas les règles. Dans une telle situation, la merveilleuse géométrie du hasard n'est d'aucun secours.

Nous pouvons habiller notre ignorance des atours de la théorie des probabilités. Nous pouvons recouvrir nos *terra incognita* de chiffres et de pourcentages. Nous pouvons déguiser nos questions en théorèmes. Mais nous ne disposons pas du pouvoir de faire en sorte que ces atours, ces maquillages et ces déguisements s'incarnent dans le réel. Décorée des plus belles constructions mathématiques, l'ignorance n'en reste pas moins désespérément ce qu'elle est.

Références bibliographiques

La citation d'Alain est tirée d'un texte intitulé « Science et Culture », écrit le 17 mars 1922. Les *Propos* d'Alain ont été rassemblés et publiés par Gallimard en 1956 (la citation se trouve en page 374).

L'ensemble des écrits de Pascal, des *Pensées* aux œuvres mathématiques, ont été rassemblés dans *Œuvres complètes*, Gallimard, 1936.

La référence exacte de la note d'Émile Borel est : « Sur les probabilités dénombrables et le pari de Pascal », *Comptes rendus de l'Académie des sciences*, 224, p. 77-78, 1947.

On trouve par exemple sur le site carbocentriste de référence, Manicore, de Jean-Marc Jancovici, un renvoi assumé au pari pascalien : http://www.manicore.com/documentation/serre/certitude.html

Lors d'une intervention en séance plénière du Parlement européen de Strasbourg, le 24 novembre 2009, la députée britannique Caroline Lucas a utilisé une version du pari pascalien pour défendre sa vision d'une politique climatique européenne (voir http://www.europarl.europa.eu/sides/getDoc.do?pubRef=-//EP//TEXT+CRE+20091124+ITEM-003+DOC+XML+V0//FR&language=FR&query=INTERV&detail=2-079).

Le 3 décembre 2009, Thomas Friedman, éditorialiste au *New York Times*, a présenté sur la chaine de télévision CNN une défense du carbocentrisme identique en tout point au pari pascalien (voir http://www.eyeblast.tv/public/video.aspx?v=GdaG8z4z4z).

Entre autres exemples, un alarmiste du climat en herbe, « parieur pascalien » qui s'ignore, a mis sur internet (en anglais) une vidéo, à la forme plutôt plaisante, dont le fond ne fait que défendre les erreurs les plus classiques fondées sur le pari :

http://fr.youtube.com/watch?v=zORv8wwiadQ&NR=1

http://fr.youtube.com/watch?v=AE6Kdo1AQmY&NR=1

La « liste complète des choses causées par le réchauffement climatique » du site internet Number Watch se trouve à l'adresse http://www.numberwatch.co.uk/warmlist.htm. Une traduction française se trouve sur le site Skyfal (voir http://skyfal.free.fr/?page_id=7). Une amusante présentation vidéo de cette liste est disponible sur le site YouTube (http://www.youtube.com/watch?v=KLxicwiBQ7Q&hl=fr).

Redonnons l'adresse internet du GIEC, à laquelle se trouve son rapport de 2007 en intégralité, ainsi que le guide pour la détermination des incertitudes : http://www.ipcc.ch/

Il existe de nombreux textes discutant des mérites comparés du fréquentisme et du bayésianisme. Une étude de Jordi Vallverdú (université autonome de Barcelone), « The False Dilemma : Bayesian *vs.* Frequentist », proposant une synthèse de la situation actuelle du débat, est parue en 2008 dans *E-Logos Electronic Journal for Philosophy*, disponible sur internet à l'adresse http://e-logos.vse.cz/index.php?article=196

Le texte de David Evans où il explique combien l'affaire du réchauffement climatique lui a permis de faire un travail qu'il considère comme utile se trouve sur le site du Groupe Lavoisier : http://www.lavoisier.com.au/articles/climate-policy/science-and-policy/DEvans2007.pdf

Une traduction française est parue sur le site Skyfal : http://skyfal.free.fr/?p=262

Sur la décision du G8 de réaffecter des fonds à l'adaptation aux changements climatiques des pays pauvres, voir http://www.irinnews.org/fr/ReportFrench.aspx?ReportID=79214

CHAPITRE 5

L'avenir climatique

Tout est prévu, sauf, naturellement, ce qui va se passer.

René de Lacharrière

En dépit de tous nos efforts et de nos ordinateurs, nous sommes aujourd'hui incapables de prévoir le temps qu'il fera dans une quinzaine de jours. Comment, dans ces conditions, prétendre prévoir le climat à l'horizon des cinquante ou cent prochaines années ? À cette question classique, les carbocentristes ont une réponse qui, de prime abord, semble tout à fait solide. Elle consiste à faire remarquer que si nous ne savons certes pas quel temps il fera le mois prochain, on ne prend toutefois guère de risques à affirmer qu'il fera plus chaud en juillet qu'en janvier. De même, l'avènement d'un nouvel âge glaciaire dans quelques milliers d'années est aujourd'hui à peu près certain. Il est donc possible, malgré toutes les incertitudes qui pèsent sur l'évolution du temps des prochaines semaines, de faire des prévisions sur un terme plus long.

L'affaire est donc entendue : ne pas savoir prévoir la météo des semaines à venir n'enterre pas la possibilité d'établir une tendance sur une plus longue période, car il faut distinguer entre différentes échelles de temps : un très court terme (la météo de la semaine à venir), un court terme (les changements de saison), un moyen terme (l'éventuel réchauffement climatique des prochaines décennies) et un long terme (les temps géologiques). Une analyse plus fine permet de mieux faire la part des choses entre les outils employés pour ces différents termes.

Une mécanique bien huilée

Si en hiver, il fait plus froid qu'en été, c'est parce que l'axe de rotation de la Terre est incliné par rapport au plan de son orbite ; un hémisphère reçoit donc la lumière du Soleil de manière différente selon les époques de l'année : presque de face en été, de biais en hiver. Le phénomène est connu depuis fort longtemps. Les Égyptiens de l'Antiquité, qui nous ont légué un calendrier de 365 jours, étaient déjà parfaitement au fait du cycle des saisons, indissolublement lié à la position des étoiles dans le ciel[1].

Dans quelques milliers d'années, la Terre devrait connaître un nouvel épisode glaciaire, en vertu de la théorie de Milutin Milankovitch (publiée en 1941), qui fournit une description cohérente des grandes tendances climatiques à partir de la complexe chorégraphie que donne à voir notre planète autour de son étoile. Pour n'en citer que quelques éléments, disons que la trajectoire de la Terre ne reste pas la même au fil du temps : elliptique en vertu de la première loi de Kepler, elle se fait presque circulaire à certains moments ; d'autre part, l'orbite pivote sur elle-même, si bien que les moments de l'année où la Terre est au plus près du Soleil (périhélie) et au plus loin (aphélie) varient au fil du temps ; enfin, l'inclinaison de l'axe de rotation de la Terre (et cause, nous l'avons vu, des saisons) est, elle aussi, variable. La conséquence de ces phénomènes est que le Soleil est plus ou moins à même de chauffer les différentes parties du globe selon les époques. Par exemple, si actuellement les saisons sont en général plus marquées dans l'hémisphère Sud que dans l'hémisphère Nord, la raison principale en est que, pour la période actuelle, la Terre passe au plus près du Soleil au début du mois de janvier (et au plus loin au début du mois de juillet), ce qui

1. Par exemple, le mot « canicule » vient du latin *canis*, du nom de la constellation *Canis Major* (le Grand Chien), dans laquelle se trouve la lumineuse étoile Sirius qui, en été (pour l'hémisphère Nord), se lève et se couche en même temps que le Soleil.

a pour effet d'adoucir les hivers de cet hémisphère (et de rafraîchir ses étés).

Le retour périodique des saisons ainsi que les cycles de Milankovitch sont un hommage à la régularité d'horloger de l'astronomie mathématique. C'est sans même nous attarder dessus que nous organisons nos vies en fonction d'elle. Les grands succès de la mécanique céleste ont contribué pour une bonne part au prestige de la science et à la capacité qu'on lui prête à réaliser des prévisions fiables. La légende de Thalès de Milet prédisant une éclipse de Soleil aussi bien que l'histoire, véridique celle-là, de Christophe Colomb annonçant la survenue d'une éclipse de Lune pour faire croire aux Amérindiens qu'il commandait au ciel, sont des exemples des exploits dont se sont rendus capables les astronomes mathématiciens qui savent non seulement annoncer le régulier retour des saisons mais aussi anticiper des événements qui sortent de l'ordinaire.

Pour d'autres échelles de temps, en revanche, les méthodes employées sont très différentes et relèvent d'une étude beaucoup plus « terrestre » du climat : courants marins, interactions entre l'océan et l'atmosphère, circulation atmosphérique, température et pression en différents points du globe, ou encore volcanisme, sont parmi les données considérées pour étudier l'évolution du temps à court ou moyen terme. La Terre y est envisagée plus ou moins comme un système autonome. Même si l'énergie thermique reçue du Soleil continue bien évidemment de jouer un rôle, le cadre général des investigations est donc très différent. En conséquence, invoquer, comme le font de nombreux carbocentristes, notre connaissance du cycle des saisons ou des cycles de Milankovitch pour soutenir que nous serions capables de prévoir le climat des prochaines décennies relève d'une usurpation épistémologique. La seule manière de légitimer, au moins partiellement, cette appropriation par la climatologie de résultats fournis par l'astronomie consisterait à endosser la théorie solariste. À défaut, pour juger de la pertinence du carbocentrisme, nous devons nous interroger sur notre aptitude à décrire le climat de façon beaucoup plus « terrestre » qu'« astronomique ». Avec cette perspective, comme nous allons le voir, il devient beaucoup plus difficile de soutenir que nous serions aujourd'hui capables de prévoir le climat à l'échelle d'un siècle.

L'invasion de l'ordinateur

Si nous accordons aujourd'hui aux prévisions météorologiques le crédit d'une certaine exactitude, il est bon de rappeler que non seulement il n'en a pas toujours été ainsi, mais que les choses n'ont changé que très récemment. Jusqu'au milieu du XXe siècle en effet, peu de spécialistes pensaient que des prévisions quantitatives seraient un jour possibles. Le domaine était envisagé sous l'angle de descriptions générales. Une météorologie quantitative était difficile à imaginer, ne serait-ce que parce que la masse de données dépassait de loin les capacités de traitement alors disponibles.

L'essor de l'informatique est, avec la technologie spatiale, la principale nouveauté qui a changé la donne. Des calculs d'une complexité autrefois rédhibitoire ont désormais pu être accomplis par des machines. C'est un lieu commun de dire que le moindre ordinateur personnel est aujourd'hui capable en quelques instants d'effectuer des calculs qui, à la main, seraient tout simplement impossibles. L'influence de l'informatique sur la science en général a été considérable. Entre mille autres choses, la météorologie quantitative est devenue réalité. Les modèles climatiques informatiques ont eux aussi pu voir le jour, et sont devenus un pilier majeur du carbocentrisme.

Cette puissance de l'informatique a eu pour effet l'émergence d'une tendance qui remonte déjà à plusieurs décennies et qui consiste à voir l'ordinateur comme la solution de tous les problèmes. Cette erreur est d'autant plus facile à commettre que les effets visuels que permettent aujourd'hui les ordinateurs sont hallucinants de réalisme. Comment, devant cette petite Terre numérique en rotation sur l'écran de notre téléviseur, avec ses nuages en mouvement plus vrais que nature, ne pas oublier que nous n'avons affaire à rien de plus qu'une image très imparfaite de notre planète ?

Des récits de science-fiction ont imaginé que les machines

asserviraient un jour les hommes en prenant le contrôle physique de notre monde. Ils n'avaient pas imaginé que ce pourraient être les hommes eux-mêmes qui se soumettraient aux machines, et que cette soumission se ferait au motif que, réflexion faite, les machines seraient plus intelligentes que nous ne le sommes. Or, prêter aux ordinateurs quelque intelligence que ce soit est une grave erreur, pour de nombreuses raisons. Certaines d'entre elles relèvent de la science fondamentale, comme nous y viendrons plus loin, mais d'autres tiennent à des considérations tout à fait pratiques : si compétent que soit celui qui programme, des erreurs sont pour ainsi dire inévitables. On pourrait écrire des livres entiers pour relater les effets spectaculaires de certaines d'entre elles. Par exemple, une mission martienne de la NASA a échoué parce qu'une équipe de programmeurs utilisait le système métrique et une autre le système anglo-saxon de mesure des longueurs. Un logiciel de l'armée américaine avait appris « tout seul » à distinguer entre un char américain et un char soviétique sans jamais se tromper – il reconnaissait en fait le grain des photos qui lui étaient montrées (les photos des chars soviétiques, fruits de l'espionnage, étaient les seules à être de mauvaise qualité). L'on pourrait continuer à l'infini.

Qu'on ne s'y trompe pas : le problème ne se résume pas à quelques anecdotes isolées. Quiconque a déjà eu l'occasion de programmer sait que, dès que le travail devient un tant soit peu conséquent, les erreurs sont inévitables. Or, la plus redoutable est moins l'erreur qui empêche le programme de fonctionner que celle qui, tapie dans l'ombre, laisse croire que le programme est correct. La première parade à ce type d'erreurs invisibles consiste à tester le programme et à comparer le résultat avec ce que l'on en attend. C'est ainsi que la subjectivité peut faire irruption au cœur du programme. Il n'est alors pas toujours facile de l'en déloger.

Bien sûr, des critères de qualité existent pour limiter les risques d'erreur : rapports de validation, tests, contrôles indépendants… Des normes industrielles ont été mises au point, d'autant plus strictes qu'une erreur peut coûter très cher. Or, il ne semble pas que les modèles climatiques aient été soumis à un contrôle selon ces normes[1]. En conséquence, il convient de les considérer d'abord comme des outils de recherche, certainement du plus grand intérêt pour faire progresser la climatologie, mais non comme des mécaniques éprouvées dont on pourrait suivre en confiance les prévisions.

Il est important d'insister sur cette distinction entre outil de recherche et outil de prévision. Si je pense, pour les raisons qui vont suivre, que les modèles ne peuvent prétendre à ce dernier statut, leur utilité potentielle pour la recherche est en revanche très grande. Rétrospectivement peut-être leur destin sera-t-il à rapprocher de celui de l'observatoire que fit construire Lowell à la fin du XIXe siècle pour observer les « canaux » de Mars : bien que né sous l'impulsion d'une théorie fausse, cet observatoire a par la suite été un instrument utile pour l'astronomie, et il continue de l'être, un siècle après la mort de son fondateur.

Le genre du modèle

Comme l'ont relevé de nombreux sceptiques, il n'existe aujourd'hui aucune preuve expérimentale directe d'un lien entre le gaz carbonique et l'augmentation de la température globale[2]. L'argumentaire carbocentriste repose avant tout sur les prévisions des modèles informatiques (on parle en réalité plutôt de « scénarios », c'est-à-dire de prévisions d'évolution à partir d'hypothèses qui concernent notamment l'évolution des sociétés humaines). Ceux-ci présentent deux visages antagonistes : parce qu'ils sont « informatiques » ils peuvent revendiquer la puissance des ordinateurs, mais parce qu'ils sont « modèles »

---

1. Les fichiers découverts avec l'affaire du « Climategate » ont révélé que les programmes du CRU destinés à évaluer la température globale sont fort loin de satisfaire à ces normes ; de nombreux programmateurs professionnels ont souligné la légèreté assez incroyable avec laquelle ce problème a été ignoré.

2. Il a certes été expérimentalement établi en laboratoire que le gaz carbonique est un gaz à effet de serre, mais toute la question est de savoir comment une telle expérience pourrait se transposer à l'échelle de la Terre.

ils présentent une faiblesse : ils ne sont rien d'autre qu'un grossier dessin du phénomène dont ils doivent rendre compte.

Avoir besoin d'un modèle est souvent soit la marque de la trop grande difficulté qu'il y a à manier la théorie sous-jacente, soit, plus grave, l'aveu de l'absence même de théorie. S'agissant du climat, nous sommes dans le second cas. Pour en illustrer les conséquences, considérons l'exemple simple de la trajectoire d'un projectile lancé du sol avec un certain angle par rapport à l'horizontale.

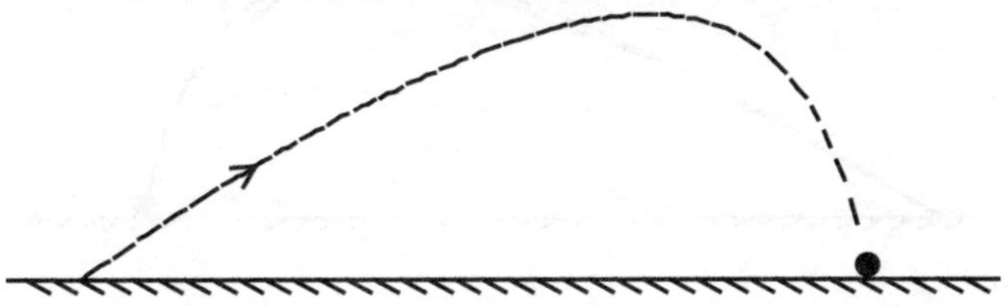

Avant Galilée et Newton, l'on ignorait comment décrire mathématiquement cette courbe, mais bien sûr diverses descriptions en avaient été tentées. L'une d'elles, qui s'inspirait d'Aristote, représentait la trajectoire du projectile à l'aide de deux morceaux de droites : le premier représentant l'effet de la force initialement transmise (le « mouvement violent »), le second la trajectoire une fois cette force dissipée (le « mouvement naturel »). Bien que grossière, cette représentation permettait de décrire qualitativement plusieurs des caractéristiques de la trajectoire véritable de la pierre.

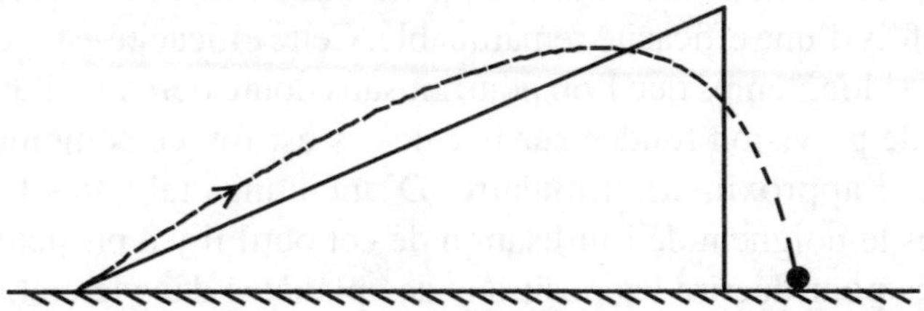

L'idée d'un modèle, qu'il soit climatique ou autre, est la même : en l'absence de compréhension complète du phénomène, l'on tente d'en donner une description approchée satisfaisante. Bien sûr, des raffinements sont toujours possibles. Ainsi, en 1613, Diego Ufano proposa de remplacer le sommet de l'angle de la figure précédente par un arc de cercle.

Avec des moyens de calcul performants et des instruments de mesure suffisamment précis, l'on peut affiner à l'infini la représentation, pour parvenir à un dessin très proche de la courbe authentique. En voici un exemple, qui n'utilise que des segments de droite.

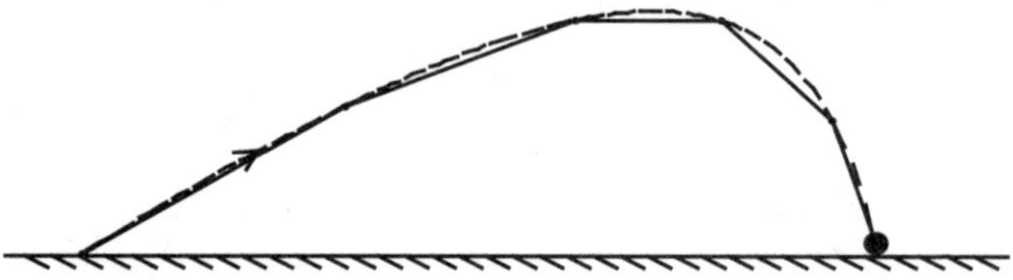

Lorsqu'il nous est rapporté que les simulations informatiques du climat sont effectuées avec un maillage très fin, c'est au mieux à un équivalent de ce dessin que l'on a affaire. Je dis « au mieux », pour deux raisons : la première, c'est qu'ici les mesures sont supposées parfaites (les extrémités des segments sont exactement sur la courbe), alors que dans la réalité des incertitudes existent bien entendu toujours. La seconde, c'est que la « vraie » courbe à trouver est, en l'occurrence, suffisamment régulière pour que quelques segments seulement suffisent à en donner une bonne approximation.

Représenter une courbe par des segments de droite comme sur la figure précédente constitue une « approximation linéaire ». Ce procédé est parfois d'une efficacité remarquable. Cette efficacité est reconnue depuis si longtemps que l'on pourrait sans doute défendre l'avis que l'idée de prévision fondée sur le calcul s'est forgée conjointement à celle d'approximation linéaire. D'anciennes tablettes babyloniennes témoignent de l'utilisation de cet outil il y a plusieurs millénaires pour décrire les positions des planètes dans le ciel. Parmi les précieux atouts que garde encore cette technique, l'on trouve sa simplicité d'emploi, son efficacité dans nombre de situations, mais aussi, et de façon plus subtile, le fait qu'elle fournit sans doute, au travers de la « règle de trois » qui en est un dérivé, le seul procédé de calcul un tant soit peu élaboré qui soit connu d'une très large partie de la population.

Dans certains cas, l'approximation par une droite ou un segment de droite permet aussi de dégager une tendance ; nous en avons vu un exemple au chapitre 2 avec l'analyse en composantes principales, qui est en un certain sens un moyen statistique de retrouver une droite dans un nuage de données imparfaites.

L'irruption du chaos

Malheureusement, la nature a plus d'un tour dans son sac. Certains phénomènes que l'on pensait pouvoir comprendre à l'aide de la linéarité se sont révélés d'une incroyable étrangeté, regroupés sous le terme de « chaos ». Encore aujourd'hui, il n'existe pas de définition mathématiquement précise de ce que ce terme recouvre. L'idée générale est qu'un système est chaotique dès lors que, bien que régi par des règles déterminées, il évolue de manière imprévisible, par exemple en alternant les comportements réguliers et agités, la transition se faisant de façon brusque et sans raison apparente. Dans un tel système, nulle approximation linéaire n'est possible.

L'un des éléments constitutifs d'un phénomène chaotique est sa « dépendance sensitive aux conditions initiales », que l'on illustre souvent par ce qu'il est convenu d'appeler « l'effet papillon ». Cet effet tire son nom d'une image issue des sciences météorologiques. Dans cette image, le battement d'ailes d'un papillon à un certain endroit, en modifiant les conditions atmosphériques terrestres de façon infinitésimale, provoque une réaction en chaîne à l'issue de laquelle, quelques semaines plus tard, se produit un cyclone de grande ampleur à l'autre bout du monde. Bien sûr, il ne s'agit là de rien de plus qu'une image, destinée à mettre en relief le fait que, dans certains systèmes physiques, les petites causes peuvent avoir de grands et imprévisibles effets. Si ce type de phénomènes avait déjà été étudié depuis la fin du XIXe siècle, notamment par Henri Poincaré, c'est seulement, donc, à partir des années 60 que les scientifiques s'y sont massivement intéressés.

Ce n'est pas un hasard si l'image la plus populaire de la théorie du chaos est l'effet papillon. C'est, en effet, d'abord en météorologie que cette théorie a montré toute sa pertinence conceptuelle : certains systèmes physiques sont profondément instables, au sens ou les bouleversements peuvent se produire à tout moment, quelles que soient les situations initiales. Le fait que l'on ne sache pas prévoir le temps qu'il fera au-delà des prochains jours s'explique précisément par l'effet papillon : pour être en mesure de faire des prévisions au-delà de quelques jours, il faudrait être en mesure de connaître avec précision tant de paramètres que la tâche est pour ainsi dire impossible, même avec les plus puissants ordinateurs.

Quoi que l'on doive penser aujourd'hui des excès qui sont commis par les carbocentristes dans leur utilisation de l'outil informatique, il n'en faut pas moins rappeler que c'est dans le cadre de l'étude du climat terrestre, à l'aide de simulations informatiques, que la théorie du chaos a pu connaître son expansion. C'est Edward Lorenz qui a montré le premier que, s'agissant de la prévision du temps, la belle régularité de la mécanique céleste n'avait pas cours, et qu'il ne suffirait pas de gros ordinateurs pour venir à bout du problème. Ces derniers ont effectivement permis de régler définitivement un grand nombre de problèmes anciens mais, avec la météo et le climat terrestre, ils font désormais face à des adversaires d'une tout autre trempe[1].

Décrire pour prévoir

L'approximation donnée plus haut de la trajectoire d'un projectile à l'aide de plusieurs segments de droite constitue un modèle dit « descriptif ». Sa fonction est de rendre compte de façon raisonnablement simple et précise d'un ensemble de données. Or, souvent

1. Kevin Trenberth, auteur principal du GIEC, a fait une analyse critique des modèles climatiques qui, sans être sceptique à proprement parler, met l'accent sur de nombreuses limites inhérentes aux modèles actuels et incite à la prudence concernant toute extrapolation à partir d'eux.

(mais pas toujours), l'objectif est moins de décrire les données disponibles que de prévoir l'avenir. On parle alors de modèle « prédictif ». L'idée générale consiste à extrapoler les formules du modèle descriptif. Par exemple, s'il a été observé jusque-là que les ventes d'un produit quelconque ont régulièrement augmenté de 2 % par an, alors l'on peut anticiper qu'il en ira de même les prochaines années.

Cette démarche simple montre pourtant vite ses limites. Pour l'illustrer, intéressons-nous à un cas récent qui, bien qu'extérieur aux sciences du climat, est exemplaire.

En 2004, Andrew Tatem, Carlos Guerra, Simon Hay (université d'Oxford) et Peter Atkinson (université de Southampton) font paraître dans la revue *Nature* un article au titre alléchant : « Un sprint décisif aux jeux Olympiques de 2156 ? » Il y est question d'un événement à venir tout à fait inattendu et intéressant : un jour, les records olympiques du 100 mètres seront battus par des femmes, et non plus par des hommes. Cette affirmation s'appuie sur l'allure des points représentant la suite des records olympiques masculins et féminins. Les auteurs de l'étude remarquent que, pour chaque sexe, les points marquant les records au fil du temps se disposent selon ce qui ressemble fort à une ligne droite. Le point crucial est que la pente de la droite des records féminins est plus marquée que celle des records masculins, à l'image du dessin simplifié ci-dessous.

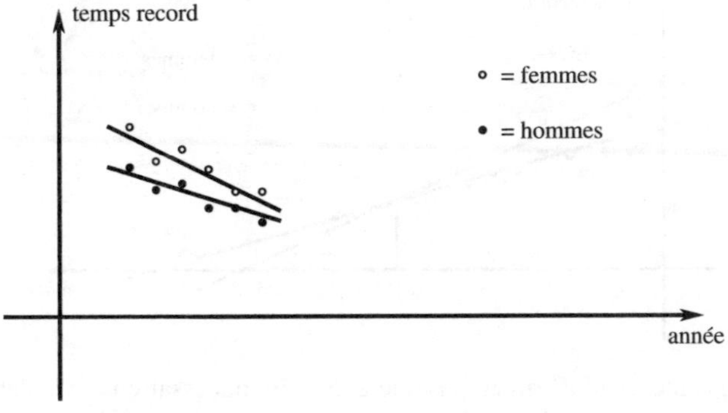

En disciples naïfs de Guillaume d'Occam, les auteurs de l'étude estiment légitime de penser que la ligne droite, sans conteste la courbe la plus simple possible, fournit une représentation cohérente de l'évolution des records à laquelle on doit s'attendre. La conclusion, donnée avec le minimum de précautions oratoires, s'impose alors d'elle-même : les deux droites sont appelées à se croiser. L'instant du croisement, daté à 2156, marquera l'avènement de la supériorité féminine à la course, aussi définitif que contre-intuitif[1].

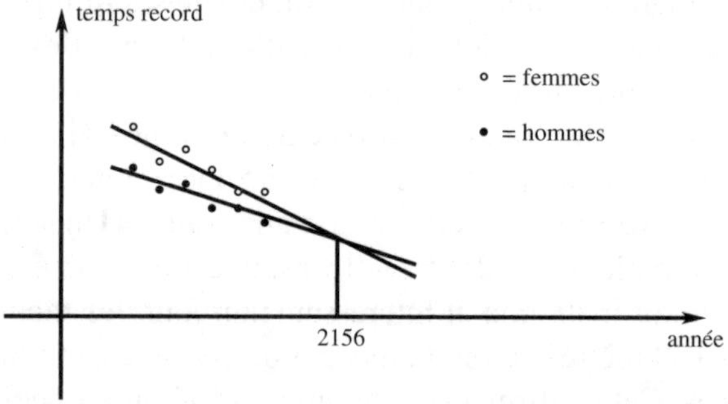

Cette étude a fait l'objet de nombreuses critiques, également publiées dans *Nature*. L'estocade a peut-être été portée par Kenneth Rice (Institut de santé publique de Cambridge), qui, prolongeant encore les droites de l'article, remarque ironiquement que « c'est une course bien plus intéressante qui devrait avoir lieu vers 2636, lorsque des temps inférieurs à zéro seconde seront enregistrés ».

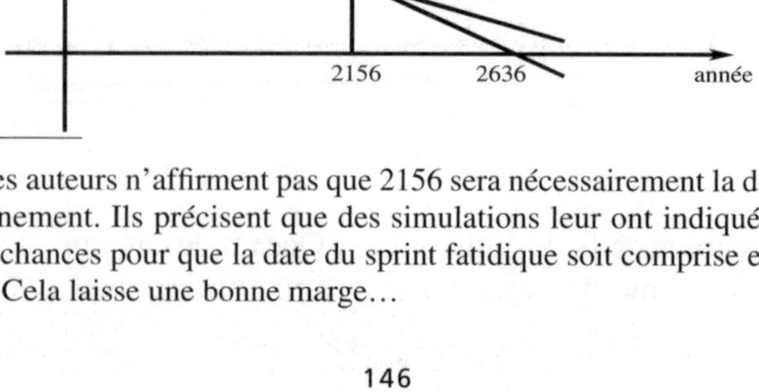

1. Les auteurs n'affirment pas que 2156 sera nécessairement la date exacte de l'événement. Ils précisent que des simulations leur ont indiqué qu'il y a 95 % de chances pour que la date du sprint fatidique soit comprise entre 2064 et 2788. Cela laisse une bonne marge…

La critique la plus argumentée a été donnée par Weia Reinboud, dans un texte publié par *Nature* quelques semaines après l'étude initiale. Reinboud y explique que, à mesure que le temps passe, battre des records est de plus en plus difficile pour les coureurs, qui épuisent progressivement les marges de progression disponibles (quantité et qualité de l'entraînement, améliorations des techniques de course…), et que, donc, la suite des records successifs décroîtra, à terme, de moins en moins vite.

Un point remarquable est que Reinboud n'est pas une scientifique mais une championne d'athlétisme. Elle a donc peut-être rarement eu l'occasion de manier des droites de régression linéaire mais, dans cette histoire, son intelligence valait bien mieux que la connaissance d'outils statistiques. Le cas de Reinboud est une belle illustration de la différence entre le *bon sens* et l'*esprit critique*. Ce que j'appelle « bon sens » est cet ensemble d'idées stéréotypées proférées par des personnes insuffisamment informées. Le « bon sens » utilisé dans le contexte des records à la course jugerait « de toute façon impossible » que les femmes courent un jour plus vite que les hommes. Un tel propos irréfléchi n'aurait bien sûr guère de valeur. Ceux qui le tiendraient seraient discrédités et mériteraient de l'être. L'esprit critique, quant à lui, peut également émaner de quelqu'un de scientifiquement moins expert, comme sans doute Reinboud. L'esprit critique ignore les détails au profit de l'ensemble, non pas en raison d'une incapacité intellectuelle à se frotter à des éléments précis, mais pour ne pas se noyer dans les détails des raffinements techniques. Si invoquer l'esprit critique ne doit pas être une excuse masquée à son ignorance, l'on ne doit pas pour autant méconnaître la profonde différence qu'il y a entre proférer des affirmations toutes faites du haut de sa méconnaissance d'un sujet, et observer les choses avec distance et recul.

Revenons à l'étude de Tatem *et al.* elle-même sur les records olympiques. Vue de loin, cette étude respecte l'essentiel des critères qu'il semble raisonnable d'appliquer à une prévision fondée sur un modèle : elle tire sa source d'observations fiables ; elle en réalise une synthèse à l'aide d'outils mathématiques aussi simples que possible, sans multiplier inutilement les artifices de calcul. Il en ressort un modèle descriptif très acceptable. Pourtant, parce qu'il est intrinsèque à cette représentation linéaire des records qu'apparaissent des temps négatifs à plus ou moins brève échéance, il n'est pas légitime d'utiliser ce modèle tel quel pour faire des prévisions.

Ce qui fait de ce modèle une application naïve du rasoir d'Occam, c'est qu'en voulant faire *au plus simple* il fait en réalité *au trop simple* et ignore une partie des connaissances disponibles (comme le fait qu'on ne courra jamais le 100 mètres en un temps négatif). De la même manière, les modèles climatiques actuels n'intègrent pas tous les éléments d'information disponibles, notamment en ce qui concerne les transferts de chaleur océanique, susceptibles de modifier le climat à l'échelle globale et sur des durées portant sur plusieurs années. Si l'on est certes loin d'avoir tout compris sur ce sujet (et sur d'autres), du moins est-il acquis qu'il s'agit de points dont il serait nécessaire de tenir compte.

Peut-on prêter à un modèle imparfait une valeur prédictive à court terme ? Après tout, les extrapolations de Tatem *et al.* pour les Jeux de Pékin de 2008 se sont effectivement révélées correctes ! En réalité, ce succès ne signifie pas grand-chose, car la fourchette proposée était si large qu'il aurait été difficile de tomber à côté[1]. Diverses confirmations proclamées des prévisions des modèles climatiques tombent sous le coup de cette critique. Surtout, la question est : comment déterminer une borne temporelle à la validité du modèle ? Est-on ou non à la veille de voir les records à la course ne plus suivre une ligne droite ? « Je ne risquerai pas de supposition » conclut sagement Reinboud.

1. L'article proposait que le 100 mètres féminin se courrait à Pékin entre 10,338 et 10,802 s ; Shelly-Ann Fraser a couru en 10,78 s ; le record olympique avant Pékin était de 10,62 s et le record du monde de 10,42 s (les deux de Florence Griffith-Joyner, en 1988). Pour le 100 mètres masculin, l'article proposait entre 9,586 s et 9,874 s ; Usain Bolt a couru en 9,69 s ; le record olympique avant Pékin était de 9,84 s (Donovan Bailey, 1996), le record du monde de 9,79 s (Maurice Greene, 1999 ; la performance de Tim Montgomery, 9,78 s, en 2002, a été annulée en 2005 pour cause de dopage).

Un « consensus » des modèles ?

Un des arguments présentés pour soutenir la fiabilité des modèles climatiques est que tous, c'est-à-dire une vingtaine, sont d'accord pour prévoir un réchauffement. « Personne n'est parvenu à mettre au point une expérience numérique crédible conduisant le système climatique à ne pas se réchauffer en réponse à l'augmentation des gaz à effet de serre », a par exemple écrit Hervé Le Treut[1]. Tel quel, l'argument n'est pas sans intérêt, mais cet intérêt change du tout au tout si l'on remarque que ces lignes ont été écrites en 1997, peu de temps avant que la courbe de température globale se mette à stagner ! Voilà bien une illustration nouvelle de ce dont il était question au chapitre précédent : l'avis concordant de plusieurs sources (les experts, les modèles) ne constitue pas une preuve, elle n'augmente pas même les chances de tomber juste si deux conditions au moins ne sont pas remplies : ces sources doivent être « autorisées » (au sens donné au chapitre précédent) et « indépendantes ». Ce dernier point implique que les modèles doivent être élaborés indépendamment les uns des autres, mais aussi sans que leurs auteurs n'aient trop d'idées préconçues sur les courbes du passé afin de minimiser leur influence sur les nouveaux résultats. Est-ce le cas pour les modèles climatiques ? C'est là, bien sûr, un point qu'il est difficile de juger de façon certaine, de même qu'il n'est pas vraiment possible de déterminer avec certitude l'état d'esprit qui animait les partisans des canaux de Mars. Cependant, lorsqu'on lit, à nouveau sous la plume de Le Treut (cette fois en 2004), que « malgré leur complexité croissante, les modèles ne remettent pas en cause la prévision des modèles simples : un doublement de la teneur atmosphérique en dioxyde de carbone y est toujours associé à un réchauffement de quelques degrés », l'on ne peut que s'interroger. Il y a quelques années encore, les modèles étaient extrêmement frustes, ne tenant rigoureusement aucun compte des

1. Hervé Le Treut est auteur principal du GIEC, ainsi que membre du comité scientifique du Programme climatique mondial.

transferts de chaleur entre océans et atmosphère. Doit-on donc penser que ce phénomène ne jouerait finalement pas de rôle significatif pour la température globale ? Voilà qui serait tout de même fort étrange.

L'ordinateur n'est pas un oracle. Malgré sa puissance de calcul infiniment supérieure à la nôtre, il n'est pas plus « intelligent » que nous ne le sommes. Sa capacité à nous fournir des informations valides repose entièrement sur nos épaules. L'absence de toute théorie générale du climat doit nous rendre très circonspects sur l'affirmation selon laquelle les modèles permettraient de prévoir ce qui va se passer.

Il me faut néanmoins concéder que, pour reprendre le joli titre d'un ouvrage de René Thom, « prédire n'est pas expliquer ». Ce qui intéresse le plus dans le débat actuel concerne la prévision. Peu importe, donc, que l'on comprenne parfaitement ou non la machinerie climatique : si, d'une manière ou d'une autre, les modèles parvenaient à prévoir correctement l'évolution des températures, nous aurions de quoi nous montrer satisfaits. Après tout, le modèle astronomique de Ptolémée dans lequel Soleil et planètes tournaient autour de la Terre était complètement faux du point de vue théorique mais n'en permettait pas moins d'anticiper correctement les principaux phénomènes célestes visibles.

Les modèles climatiques supportent-ils une telle comparaison ? *In fine*, le seul moyen de le savoir vraiment est de comparer leurs annonces avec les observations faites sur le terrain. Deux types distincts de comparaisons peuvent être faits : le premier consiste à comparer ce que les modèles avaient prévu pour l'avenir avec ce qui s'est vraiment produit ; le second consiste à voir si les modèles sont capables de reconstituer correctement les évolutions du passé.

Pour ce second point, en apparence, les modèles s'en sortent plutôt bien (malgré des lacunes persistantes). Le problème est que, pour pouvoir véritablement « homologuer » ces succès, il faudrait que les concepteurs des modèles n'aient pas eu connaissance de ces données du passé au moment de l'élaboration des modèles, faute de quoi la bonne adéquation entre le modèle et la réalité ne prouve pas grand-chose. N'importe quel enseignant un peu expérimenté sait que la question « Quel est l'âge du capitaine ? » n'obtient pas, de ses étudiants, la même réponse que la question « Montrer que le capitaine a 39 ans » : dans cette dernière formulation, les étudiants savent ce qu'il faut trouver, et donc le trouvent à toutes forces, y compris en commettant éventuellement diverses erreurs. En pratique, donc, la belle correspondance entre les courbes des modèles et celles des observations au XXe siècle n'est qu'un maigre appui à l'efficacité des modèles.

Songeons à nos segments de droites qui approchent très bien la trajectoire d'un projectile : dès lors qu'un certain nombre de paramètres sont à disposition (dans le cas de la trajectoire du projectile, il s'agissait des quelques points placés dessus), il est facile de reconstituer à peu près n'importe quelle courbe disposant d'une régularité comparable à celle de la température globale. John von Neumann, l'un des pères fondateurs de l'informatique, l'avait déjà souligné dans un mot devenu célèbre : « Avec quatre paramètres, je peux dessiner un éléphant ; avec cinq, je peux lui faire bouger la trompe. » Les proclamations qui expliquent que les modèles actuels intègrent un très grand nombre de paramètres doivent donc être accueillies avec prudence : se donner des paramètres, ce peut n'être qu'un moyen déguisé de rendre plus facile l'adéquation du modèle avec la réalité du passé sans pour autant augmenter ses chances de prévoir correctement l'avenir, puisque du point de vue mathématique n'importe quel avenir est possible à partir de n'importe quel passé. D'ailleurs, les modèles disponibles, s'ils sont en gros d'accord entre eux pour ce qui concerne le passé, sont loin de s'accorder aussi bien sur l'avenir, avec des écarts qui sont de l'ordre de plusieurs degrés pour la fin du XXIe siècle. On est bien loin d'un « consensus ».

Une illustration de la souplesse suspecte des modèles pour reconstituer le passé a été donnée en 2009, après la parution d'un article d'Eric Steig *et al.* que nous avons déjà évoqué au chapitre 3. Avant cet article, un accord existait pour dire que l'Antarctique s'était globalement *refroidi* ces dernières décennies. C'était là un point quelque peu étrange qui, au vu de la taille de ce continent, faisait couler beaucoup d'encre. Lorsque certains sceptiques insistaient sur ce phénomène qui allait à l'encontre de l'idée d'un réchauffement

« global », les carbocentristes répliquaient que les modèles climatiques reproduisaient fidèlement ce refroidissement local.

L'article de Steig *et al.*, qui soutient l'idée que l'Antarctique s'est en réalité réchauffé et non refroidi à l'échelle des cinquante dernières années, a fait bouger les lignes. Vu de l'extérieur, les sceptiques en sortent affaiblis ; en réalité, leur position se renforce. En effet, comme il a été dit au chapitre 3, les sceptiques ont de toute façon accepté l'idée qu'un réchauffement global s'est produit au cours du XXe siècle. L'éventualité que l'Antarctique se soit aussi réchauffé n'est donc pas un si gros problème. En revanche, les modèles climatiques sont sur la sellette, eux qui, donc, avaient intégré le fait que l'Antarctique se refroidissait. Après que les carbocentristes ont finalement affirmé que les projections des modèles demeuraient en accord avec les observations, Roger Pielke Jr. (université du Colorado) a eu beau jeu de résumer ironiquement la situation : « Ainsi, le réchauffement de l'Antarctique et le refroidissement de l'Antarctique sont tous deux "en accord" avec les projections des modèles du réchauffement climatique... Notre incursion dans la tortueuse logique du "être en accord avec" des sciences du climat soulève cette obsédante question : quelles sont donc les observations du système climatique qui ne seraient pas "en accord" avec les projections des modèles ? »

Les modèles face aux observations

Aujourd'hui, une vingtaine d'années après le début de l'affaire, il commence à être possible de comparer les prévisions des modèles avec ce qui s'est effectivement passé. Il aurait bien sûr fallu que ces modèles soient particulièrement malchanceux pour qu'aucune de leurs prévisions ne se réalise, il est donc logique qu'ils aient enregistré quelques succès (le plus éclatant étant sans doute l'augmentation de la température globale durant les années 90). Voilà pourquoi leurs échecs sont pour eux, en général, de plus mauvaises nouvelles que leurs succès n'en sont de bonnes.

Or les échecs enregistrés sont parfois retentissants, qui vont de la stagnation actuelle de la température globale à la stagnation, voire à la diminution, observée ces cinq dernières années, de l'énergie thermique contenue dans les océans. On peut certes répliquer que cinq ou dix années forment une période trop courte pour tirer des conclusions définitives. Il est convenu de dire d'une manière générale qu'une tendance est « climatique » dès lors qu'elle concerne une période d'au moins trente ans. (Avec une telle définition, le carbocentrisme pourra encore pour quelques années s'appuyer sur l'augmentation observée de la température globale à la fin du XXe siècle.) D'ordinaire, pour cette raison, les modélisateurs évitent de faire des annonces sur le trop court terme. L'oubli de cette règle de prudence conduit parfois certains à des prévisions qui peuvent être très rapidement démenties. Fin 2009, le site internet sceptique Skyfal a ainsi opportunément rappelé les annonces faites en 2007 à l'occasion de la publication dans *Science* d'une étude de Doug Smith (Centre Hadley, Exeter) *et al.* Cette étude consistait en un système de prévision climatique reproduisant les courbes du passé bien mieux que d'autres modèles. L'étude annonçait une brusque réaugmentation de la température globale dès 2009. Rien de tel ne s'est produit ; les éloges du site internet de la revue *Nature* doivent désormais sembler bien loin aux auteurs, à présent que même certains carbocentristes conviennent que la stagnation observée de la température globale pourrait se poursuivre encore de nombreuses années.

Mais les écarts entre modèles et observations vont plus loin que ce type d'annonces. Ainsi, en 2008, Demetris Koutsoyiannis (université d'Athènes) *et al.* ont fait paraître un article, remarquable de clarté, dans le *Journal des sciences hydrologiques*. Cet article propose une méthodologie pour comparer les simulations de plusieurs modèles des enregistrements de températures et de précipitations au XXe siècle de huit stations réparties de par le monde. « Les résultats, expliquent les auteurs, montrent que les modèles ont de faibles performances, y compris à une échelle climatique (trente ans). Les projections locales des modélisations ne peuvent donc pas être crédibles, alors que l'argument courant selon lequel les modèles ont de meilleures performances à des échelles spatiales plus larges n'est pas vérifié. »

Cet article n'est pas conclusif car, pour des raisons purement pratiques et financières, il ne s'intéresse qu'à huit stations, dont il ne confronte les données qu'à quelques simulations numériques. En revanche, la méthodologie était à retenir pour des investigations plus profondes. Celles-ci ont été poursuivies dans la thèse de doctorat de G. Anagnostopoulos (dirigée par Koutsoyiannis), dont une présentation a été faite lors de l'assemblée générale de l'Union européenne des géosciences en avril 2009. Ses conclusions, qui s'appuient sur une cinquantaine de stations supplémentaires, confirment et étendent le bilan des travaux précédents de Koutsoyiannis *et al.*

Dans la même veine, en 2009, Catherine Reifen et Ralf Toumi (Imperial College de Londres) ont fait paraître dans *Geophysical Research Letters* une étude dans laquelle ils s'intéressent aux performances de dix-sept modèles climatiques dans l'évaluation de la température en Europe et en Sibérie. Dans cette étude, le XXe siècle est partagé en périodes identiques (l'article s'intéresse à trois cas : dix ans, vingt ans et trente ans) et les performances des modèles sont analysées pour chacune de ces périodes. Il s'avère que les modèles les plus performants ne sont pas les mêmes selon les périodes, et qu'un modèle performant sur une période ne le reste pas, en général, pour la suivante. Plus grave : même en effectuant des moyennes entre modèles, le succès dans la reproduction des températures d'une période ne présage en rien d'un éventuel succès dans une période postérieure.

Un autre problème, considéré comme particulièrement grave pour les modèles climatiques, concerne la température de la troposphère tropicale. C'est un authentique « consensus » des modèles issus de la théorie carbocentriste que cette région de l'atmosphère terrestre devrait se réchauffer à un rythme particulièrement soutenu. Cette affirmation convergente est intéressante car elle peut être testée et, comme l'expérience n'avait pas été faite au moment où les modèles se sont accordés sur le phénomène, l'on ne pouvait soupçonner les modélisateurs de l'avoir inconsciemment intégrée. La question de l'accord entre les résultats des modèles et ceux des observations est donc cruciale, peut-être même décisive.

Dans le camp de ceux qui pensent que modèles et observations divergent, on trouve aujourd'hui notamment John Christy (université de l'Alabama à Huntsville), Fred Singer (université de Virginie), David Douglass et Benjamin Pearson (université de Rochester, New York). Dans le camp adverse, Benjamin Santer (Laboratoire national Lauwrence Livermore, Californie) et son équipe soutiennent que les résultats des modèles sont cohérents avec les observations. Les deux parties s'affrontent sans relâche sur le terrain des publications scientifiques depuis des années. Lorsque cette joute au sommet sera définitivement terminée, son déroulement homérique aura de quoi intéresser longuement les historiens des statistiques.

Pour en rester à la période la plus récente, un article de Douglass *et al.* est paru en 2007 dans *International Journal of Climatology*, qui affirme que les modèles ne parviennent absolument pas à rendre compte des observations. La réplique n'a pas tardé : dès 2008, Santer *et al.* font paraître, dans la même revue, un article qui d'une part soutient que cet écart n'est que le résultat d'artefacts dans les mesures, d'autre part affirme la présence d'une erreur de leurs adversaires dans l'utilisation d'un outil statistique.

Ce qui est remarquable, c'est qu'au centre de ces discussions on trouve finalement moins la qualité des observations (même si des erreurs ont été relevées) ou le réalisme des simulations des modèles que la pertinence des outils statistiques utilisés par l'un ou l'autre camp. Les mathématiques sont une nouvelle fois au cœur du problème, ce qui conduit au sérieux motif d'étonnement suivant : la communauté des statisticiens n'a tout simplement pas été impliquée dans le débat. Ce n'est que dans le tout dernier article paru dans le cadre de la controverse qu'un statisticien est apparu, Douglas Nychka (Centre national américain de recherches atmosphériques – NOAA, Boulder, Colorado), comme co-auteur de l'article de Santer *et al.* [1]

Il est très étrange qu'une telle situation perdure. Elle n'est pas sans évoquer celle de la controverse sur la courbe en crosse de hockey

1. Notons tout de même que cet article, d'une taille et d'une complexité pourtant raisonnables, ne compte pas moins de dix-sept coauteurs.

(voir chapitre 2), où il fallut attendre 2006 pour qu'un statisticien professionnel, Wegman, prenne la tête d'un comité indépendant qui fasse un rapport complet pour trancher. L'on ne saurait trop espérer qu'un pareil rapport soit réalisé pour la température de la troposphère. Fort simple et d'un coût dérisoire, un tel rapport fait par un groupe de scientifiques neutres et incontestables permettrait de clore une question considérée comme décisive par les deux parties.

En attendant, la controverse se poursuit. Il serait trop long d'entrer dans les considérations techniques qui sont aujourd'hui disputées. Disons seulement que la discussion consiste pour une bonne part à savoir quelle est la bonne question à poser aux données. L'on reproche parfois aux statistiques d'être une science à laquelle on peut faire dire tout ce qu'on veut : tel n'est pas le cas, à condition de comprendre que, en statistiques, le plus difficile est moins de connaître techniques et outils de calcul que de comprendre ce que l'on fait en les utilisant et la portée exacte qu'il convient d'attribuer aux résultats. Il n'est que trop facile d'être « ébloui par les chiffres » ; bien plus difficile, en revanche, est de mener une investigation statistique rigoureuse. De toute évidence, la controverse sur la température de la troposphère relève de cette difficulté.

Les troupes sceptiques qui participent à cette bataille se sont récemment renforcées avec l'arrivée de McIntyre et McKitrick. Les fameux tombeurs de la crosse de hockey ont récemment soumis à leur tour un article à *International Journal of Climatology*, qui pourrait bien donner du fil à retordre aux carbocentristes[1]. Cet article part d'une remarque toute simple : alors que les résultats de Douglass *et al.* tenaient compte des données jusqu'en 2004, celles de Santer *et al.* ne vont que jusqu'en 1999. Or, tous ceux qui connaissent bien l'affaire du réchauffement climatique savent que 1999 n'est pas une année comme les autres : elle vient juste après un épisode climatique périodique naturel, El Niño, dont l'ampleur a, cette fois-là, été particulièrement forte. L'effet en a été une élévation ponctuelle marquée

1. Cet article est en cours d'arbitrage à l'heure où j'écris ces lignes.

de la température de la Terre en général et de la troposphère en particulier. Prendre 1999 comme dernière date pour les données « facilitait » donc le travail pour les modèles, qui ont fâcheusement tendance à surestimer la température de la troposphère.

Le trou a pu sembler comblé lorsqu'il s'est avéré que les résultats de Santer *et al.* tenaient bon jusqu'en 2004, année de référence de la publication adverse de Douglass *et al.* En allant jusqu'en 2008, en revanche, selon McIntyre et McKitrick, les conclusions des propres indicateurs statistiques de Santer *et al.* s'inversent.

L'affaire est à suivre, donc. Cependant, même si l'issue ne se dessine pas encore de façon aussi nette aujourd'hui que pour la crosse de hockey, la persistance même de la controverse n'est pas bon signe pour les carbocentristes. L'augmentation rapide des températures troposphériques devait être un signe « clair » du rôle de l'homme dans l'évolution du climat : si tel était le cas, aurait-on besoin de tant de statistiques pour s'en apercevoir ? Les sceptiques ne peuvent certes pas encore crier victoire, mais les carbocentristes, quant à eux, me semblent désormais ne plus pouvoir espérer mieux qu'un demi-succès dans cette bataille.

La dissymétrie des erreurs

Avant d'aller plus loin, je voudrais ouvrir une parenthèse et prendre un instant pour répondre à un soupçon qui a pu effleurer plusieurs fois le lecteur. Comment donc, en effet, expliquer que les erreurs que je relève dans l'affaire aillent si souvent dans le sens des sceptiques, et si peu dans celui des carbocentristes ? Après tout, puisque j'ai clairement proclamé que je ne soupçonne nulle malhonnêteté de la part des uns et des autres, on pourrait penser que les erreurs devraient être réparties de part et d'autre. Le fait que cela ne soit pas le cas ne serait-il pas la marque d'une partialité ?

Un premier élément de réponse, qui ne prouve rien en soi mais éclaire tout de même une partie de l'état d'esprit qui règne sur l'affaire, consiste à retourner la question : comment se fait-il que, lorsque les carbocentristes indiquent qu'ils ont mal évalué une situation, c'est pratiquement toujours pour expliquer que la réalité est « encore pire que prévu », que les événements « ont une ampleur qui dépasse les scénarios les plus pessimistes », ou encore que les modèles « ont sous-estimé la gravité » de telle ou telle évolution ?

Un second élément de réponse, plus intéressant, montre qu'il n'est pas si étonnant que la plupart des erreurs des carbocentristes aillent dans le même sens. Puisque ceux-ci vivent dans l'idée d'un consensus, ils ont naturellement tendance à être plus scrupuleux pour corriger d'eux-mêmes les erreurs occasionnelles qui vont à l'encontre de leur point de vue. Les erreurs qui subsistent ont donc peu de chances d'être équitablement réparties des deux côtés. Par ailleurs, lorsque vient le moment de tirer le bilan de telle ou telle prévision, des considérations psychologiques élémentaires expliquent aisément que l'on s'attarde plus volontiers sur ce qui renforce la conviction plutôt que sur ce qui la met en cause.

Bien sûr, les mêmes considérations s'appliquent également aux sceptiques, à qui il n'y a aucune raison d'accorder une supériorité de principe. Je n'oserais jamais avoir la prétention de suggérer que je suis plus « objectif » que les carbocentristes. Et c'est précisément parce que nul point de vue ne peut prétendre à l'objectivité qu'il est nécessaire de tenir compte de la diversité des opinions. À mon sens, c'est là un reproche majeur à adresser à ces trop nombreuses voix carbocentristes qui tentent de faire cesser le débat au nom de l'« urgence climatique ». Un tel procédé, qui subordonne la réflexion à l'action, est incompatible avec la bonne marche de la science, et plus généralement avec celle de toute entreprise intellectuelle. Pour ne prendre qu'un exemple parmi les plus modérés, lorsque Jean Jouzel et Anne Debroise écrivent non sans condescendance que « les sceptiques de l'effet de serre ont bien fait leur boulot, et c'est tant mieux », pour ensuite leur suggérer de cesser au motif qu'« il est difficile de nier les faits[1] », ils emploient sur le fond la même rhétorique que celle

1. Jean Jouzel, Anne Debroise, *Le Climat : jeu dangereux*, Dunod, 2004, p. 108. Jean Jouzel est vice-président du GIEC, Anne Debroise est journaliste

des accusateurs de Socrate, et que le philosophe expliquait en ces termes : « je suis le taon qui, de tout le jour, ne cesse de vous réveiller [...] ; mais peut-être, impatientés comme des gens assoupis qu'on réveille [...], me tuerez-vous sans plus de réflexion ; après quoi vous pourrez passer le reste de votre vie à dormir ».

Les sceptiques ont eux aussi, bien sûr, commis des erreurs. John Christy et Roy Spencer, par exemple, sceptiques réputés qui ont réalisé les premières mesures satellitaires de températures terrestres, ont longtemps délivré des données sur les températures tropicales qui se révélaient très défavorables au carbocentrisme, avant que la découverte d'un artefact n'invalide leurs mesures en 2005. Les carbocentristes, de leur côté, ont des succès à leur actif. Mais la controverse entre carbocentristes et sceptiques n'est pas exactement comparable à une rencontre sportive au cours de laquelle chaque camp marquerait un point à l'occasion et à l'issue de laquelle il suffirait de faire les comptes pour déterminer le vainqueur. Une telle vision a pour défaut de présenter les deux camps de manière symétrique, alors que la situation des uns et des autres est en réalité de nature différente.

Le carbocentrisme a pour lui d'être la première thèse à s'être installée. Ses partisans tirent un grand profit tactique de cette position, à partir d'un argument fallacieux qui emporte souvent la conviction : celui selon lequel, si béants que soient les trous de leur théorie, ils ne pourraient qu'avoir raison dans la mesure où leurs adversaires n'ont pas de théorie meilleure à proposer. Cet argument est décliné sous diverses formes. L'une d'elles consiste à utiliser les modèles et la théorie liant le gaz carbonique à la température comme soutiens réciproques. Ainsi, à la page 6 du *Résumé à l'intention des décideurs* du rapport 2007 du GIEC se trouve un ensemble de graphiques qui montrent les variations de la température terrestre au XXe siècle à l'échelle continentale. Chaque graphique est assorti de la synthèse de deux types de simulations : l'un où il est tenu compte d'un effet de

scientifique. Au sujet des « faits », mentionnons cette pertinente remarque de John Brignell : « La science authentique ne parle pas de faits ; elle parle d'observations, qui peuvent toujours se révéler inexactes, voire non pertinentes. »

serre engendré par les activités humaines, l'autre où il n'en est pas tenu compte. Puisque seul le premier type rend correctement compte des observations, le lecteur du rapport est invité à croire que ce sont bien les activités humaines qui sont responsables du réchauffement, peut-être en vertu du célèbre théorème de logique enseigné à l'agneau par le loup : si ce n'est toi, c'est donc ton frère…

Le scepticisme, quant à lui, a l'avantage que tout élément de preuve en sa faveur a *a priori* plus de poids qu'un élément de preuve en faveur du carbocentrisme, puisqu'il suffit en principe d'une observation incompatible avec une théorie ou un modèle pour mettre à terre cette théorie ou ce modèle, alors qu'une observation compatible ne permet, au mieux, que de la corroborer. Le décalage temporel entre température et gaz carbonique dans les carottes glaciaires, le peu de fiabilité des mesures à partir desquelles est calculée la « température globale », les doutes sur l'évolution de la température de la troposphère tropicale… autant d'éléments qui, en principe, devraient suffire à ce que le carbocentrisme soit sérieusement mis sur la sellette. Le fait que ce ne soit pas le cas illustre que nous n'avons pas affaire à une simple controverse scientifique, et que des choses plus profondes sont à l'œuvre *(voir chapitre 6)*.

Complexité, efficacité

Revenons aux modèles climatiques, dont un dernier élément essentiel va nous intéresser : la comparaison entre leur efficacité et leur complexité.

Les modèles sont un moyen utile pour tenter de faire un peu de lumière dans un monde très imparfaitement compris. Mais l'on a parfois tendance à croire que les modèles sont d'autant plus fiables qu'ils sont complexes. En réalité, la qualité d'un modèle ne se juge pas à sa complexité, mais à son efficacité à rendre compte du phénomène qu'il tâche de décrire. En particulier, si un autre modèle plus simple en rend aussi bien compte, alors on doit préférer ce dernier et, surtout, un doute doit poindre concernant la qualité réelle du plus complexe. Sur ce sujet, une étude est parue en 2009 dans *International Journal of Forecasting*, par Kesten Green (université Monash, Australie), J. Scott Armstrong (université de Pennsylvanie) et Willie Soon (centre d'astrophysique Harvard-Smithsonian, Cambridge). Dans cette étude, la capacité des modèles à anticiper l'évolution des températures est comparée à celles de modèles naïfs comme celui qui, par exemple, prévoit que la température globale moyenne d'une année sera la même que celle de l'année qui l'a précédée. Le résultat de l'étude montre que, malgré leur grande complexité, les modèles climatiques n'ont une efficacité qu'à peine supérieure. Au vu de l'étonnante efficacité de leurs modèles « naïfs », les auteurs expriment leurs doutes en expliquant qu'« il est difficile de déterminer quels bénéfices additionnels les décideurs publics pourraient obtenir d'un meilleur modèle prédictif ».

Il est intéressant de rapprocher cette dernière remarque d'un article déjà ancien de A. H. Gordon (université Flinders, Australie), paru dans *Journal of Climate* en 1991. Dans cet article, Gordon propose un modèle de l'évolution de la température sous forme d'une « marche aléatoire ». Pour faire simple, représenter la courbe de température globale par une marche aléatoire revient à imaginer que la température augmente ou diminue chaque année selon le résultat du lancer d'une pièce de monnaie. Par exemple, voici une courbe montrant l'évolution sur un siècle d'une température globale fictive obtenue en augmentant ou en diminuant cette température de 0,01 °C d'une année à l'autre de façon aléatoire[1].

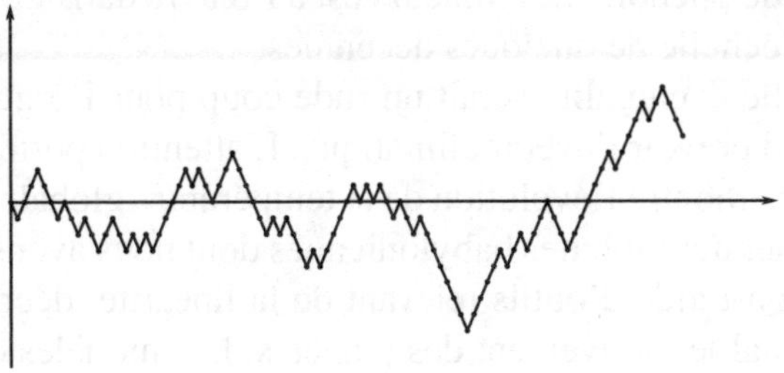

1. J'ai obtenu cette courbe en tirant cent fois à pile ou face.

Comme dans bien des cas lorsqu'il est question de théorie des probabilités, plusieurs théorèmes concernant les marches aléatoires sont extrêmement déroutants pour l'intuition. L'un d'eux, qui dérive d'un résultat connu sous le nom de « loi d'arcsinus », est ici d'un intérêt particulier. Il concerne la hauteur finale atteinte par la courbe. L'intuition nous dicte que cette hauteur n'a aucune raison d'être particulièrement élevée, ni particulièrement basse. En réalité, on peut montrer que les chances sont grandes pour que la courbe soit, à l'instant final, à une position significativement haute ou basse par rapport à toutes ses positions antérieures (tel est le cas sur la courbe précédente, qui montre d'ailleurs, hasard des tirages, un net « réchauffement » sur les trente années finales). De ce point de vue, l'observation selon laquelle la température globale actuelle est sans doute l'une des plus élevées des derniers siècles écoulés est tout à fait cohérente avec l'éventualité que l'évolution de cette température soit dictée par une sorte de hasard !

L'étude de Gordon, sans bien sûr prétendre apporter le mot de la fin, va évidemment plus loin. Elle s'intéresse à diverses autres caractéristiques statistiques de la courbe de température globale, qui, elles aussi, renforcent cette possibilité inattendue. Ainsi, si nous ne sommes pas capables de trouver la (ou les) cause(s) de l'évolution actuelle de la température globale, ce pourrait être tout simplement parce qu'aucun facteur n'y joue de rôle significatif et que, à l'image du mouvement désordonné d'une molécule de gaz qui se cogne de façon imprévisible à ses voisines, seule l'agrégation d'un vaste ensemble de phénomènes mineurs est à l'œuvre dans l'évolution du climat à l'échelle de quelques décennies.

Une telle éventualité serait un rude coup pour l'orgueil humain qui prétend prévoir l'avenir climatique. L'attention portée à la « tendance » que montre l'évolution de la température globale serait ainsi à rapprocher des tablettes babyloniennes dont nous avons parlé, qui, elles aussi à l'aide d'outils relevant de la linéarité, décrivaient tant bien que mal le mouvement des planètes. Les modèles climatiques seraient ainsi bien loin d'avoir trouvé le moyen ne serait-ce que de « sauver les apparences » comme, selon un mot devenu fameux, le modèle géocentrique de Ptolémée le faisait pour le mouvement des planètes. Les promoteurs des modèles climatiques se pensent au niveau de l'astronomie des anciens Grecs ; ne se seraient-ils finalement hissés qu'à celui de celle des Babyloniens ? Dans l'affirmative, il faut leur souhaiter de laisser dans l'histoire de la pensée scientifique le même souvenir : celui d'une science certes trop approximative, mais d'une science tout de même, faite par des hommes qui partaient de fort peu et grâce à laquelle d'autres hommes auront pu aller plus loin.

Références bibliographiques

Le mot de René de Lacharrière est rapporté par Olivier Duhamel dans son ouvrage intitulé *Histoire constitutionnelle de la France*, Seuil, 1995.

L'analyse de Kevin Trenberth est parue sur le blog de la revue *Nature*, à l'adresse http://blogs.nature.com/climatefeedback/2007/06/predictions_of_climate.html

L'idée que les femmes courront peut-être plus vite le 100 mètres que les hommes d'ici un siècle et demi figure dans Andrew Tatem, Carlos Guerra, Peter Atkinson & Simon Hay, « Momentous Sprint at the 2156 Olympics ? », *Nature*, vol. 431, p. 525, 2004. La réponse de Weia Reinboud, « Linear Models Can't Keep Us with Sport Gender Gap », est parue dans *Nature*, vol. 432, p. 147, 2004 (à la même page sont rassemblées les autres critiques, ainsi que la réponse des auteurs de l'étude initiale).

Les propos d'Hervé Le Treut de 1997 sont tirés d'un article paru dans le magazine *La Recherche*, n° 298, mai 1997, au titre un rien étrange : « Climat : pourquoi les modèles n'ont pas tort ». Ceux de 2004 sont tirés d'un ouvrage collectif, *Science du changement climatique - Acquis et controverses*, Iddri.

L'ouvrage de René Thom, *Prédire n'est pas expliquer*, est paru en 1991 aux éditions Eschel. Thom, l'un des grands mathématiciens du XXe siècle, était très critique sur le développement actuel des sciences, se désolant de ce que « la scientificité moderne a perdu le goût des nuances, elle ne jure plus que par l'informatique » (propos de 1997 rapportés par Michèle Porte dans *René Thom (1923-2002)*, Société mathématique de France, 2004).

Le physicien théoricien Freeman Dyson a donné un avis très critique sur les efforts mis sur les modèles informatiques plutôt que sur les observations pour tirer des conclusions concernant l'influence du gaz carbonique sur le climat. On peut écouter la vidéo (en anglais) disponible sur internet :

http://www.youtube.com/watch?v=JTSxubKfTBU

http://www.youtube.com/watch?v=k69HUuyI5Mk&feature=related

La thèse de doctorat d'Anagnostopoulos qui prolonge les travaux de Koutsoyiannis *et al.*, ainsi que le poster de sa présentation de 2009 à l'Union européenne des géosciences, peut être consultée sur internet à l'adresse http://www.itia.ntua.gr/en/docinfo/900/

Sur la température de la troposphère, mentionnons, outre l'incontournable Climate Audit de McIntyre, le site internet de Lucia, The Blackboard, sur lequel on trouve d'intéressantes analyses :

http://rankexploits.com/musings/2008/santer-method-applied-since-jan-2001-average-trend-based-on-38-ippc-ar4-models-rejected/

http://rankexploits.com/musings/2008/who-expects-a-tropical-tropospheric-hot-spot-from-any-and-all-sources-of-warming/

Les mots de Socrate sont tirés de l'*Apologie de Socrate* de Platon, 30d-31d, Garnier-Flammarion, 1965, traduction d'Émile Chambry.

L'article de Gordon, « Global Warming as a Manifestation of a Random Walk », paru dans *Journal of Climate*, a été en quelque sorte « exhumé » par William Briggs sur son site internet (http://wmbriggs.com/blog/?p=257). L'article original est disponible sur internet (http://ams.allenpress.com/archive/1520-0442/4/6/pdf/i1520-0442-4-6-589.pdf). Notons que son introduction présente un état des lieux instructif sur l'avancement de la controverse du réchauffement climatique à l'aube des années 90.

CHAPITRE 6

Naissance d'une pseudoscience

> Qu'est-ce que Jupiter ? Un corps sans connaissance.
> D'où vient donc que son influence
> Agit différemment sur ces deux hommes-ci ?
> Puis comment pénétrer jusques à notre monde ?
> Comment percer des airs la campagne profonde ?
> Percer Mars, le Soleil, et des vides sans fin ?
> Un atome la peut détourner en chemin :
> Où l'iront retrouver les faiseurs d'horoscopes ? »
>
> Jean de La Fontaine, *L'Horoscope*, 1678

Le lecteur convaincu par les chapitres précédents en vient peut-être à penser que l'affaire du réchauffement climatique n'est finalement rien d'autre qu'une erreur passagère. L'on devrait alors considérer le carbocentrisme comme une simple *science fausse*, ce qui ne serait pas un si grand reproche à lui faire compte tenu des innombrables fourvoiements qui jalonnent l'histoire des sciences depuis toujours. En réalité, il me semble que l'apparition de cette science fausse du carbocentrisme se double de la discrète émergence d'une *pseudoscience* : en un mot, une discipline qui, tout en se parant des plus beaux atours de la science, lui est en réalité extérieure.

J'ai parfaitement conscience que, donnée sans précaution, une telle affirmation peut paraître excessive, d'autant que l'accusation d'être une pseudoscience est parfois portée contre le carbocentrisme à tort et à travers, soit lorsque les sceptiques l'accusent de se tromper (ce qui n'en fait en réalité qu'une science fausse), soit lorsqu'ils lui reprochent de ne pas être ouvert aux remises en question (un reproche que l'on peut faire à bien des courants scientifiques sérieux). Je me hâte donc de préciser que, dans mon idée, ce n'est pas le carbocentrisme lui-même qui est une pseudoscience, mais bien son ombre, aujourd'hui si étendue et si enracinée que, à l'instar de l'astrologie ou de la numérologie, il est à craindre que nous ne soyons pas près de nous en débarrasser.

Des couples maudits

C'est un fait assez facile à constater qu'à chacune, ou presque, des disciplines scientifiques fait face une pseudoscience, que les dénonciations même très argumentées parviennent rarement à détruire tout à fait. Un exemple emblématique de cette dualité est le couple astronomie-astrologie, mais il y en a bien d'autres. Pour ne citer que les plus importants : mathématiques-numérologie, chimie-alchimie, physique-parapsychologie, ainsi que la médecine qui, bien qu'on lui reconnaisse le crédit d'une augmentation spectaculaire de l'espérance de vie humaine au XXe siècle, fait face à d'innombrables « médecines parallèles ».

Un tel rapprochement entre sciences et pseudosciences n'a rien de fortuit. Bien que, le plus souvent, les manuels d'histoire des sciences n'en soufflent mot, ces couples ont autrefois cohabité en bonne intelligence, au point même de ne former parfois qu'une seule et même discipline. Ceux pour qui le nom de Pythagore est un emblème des mathématiques au travers du théorème qui porte son nom sont souvent surpris d'apprendre que la devise de l'école pythagoricienne, « Tout est nombre », ne se réduisait pas à une moderne apologie de l'utilisation des mathématiques pour comprendre l'univers : les pythagoriciens attribuaient aussi aux nombres des « qualités » dans un style qui n'a rien à envier à la numérologie contemporaine. De même, bien des astronomes d'aujourd'hui pourfendeurs d'astrologie ignorent parfois que, jusqu'au XVIe siècle, l'astronome était le plus souvent aussi un astrologue – les princes et mécènes de la science finançaient plus volontiers l'établissement de leur horoscope que celui d'un système de description cohérent du mouvement apparent des planètes ! Enfin, les théories médicales des savants les plus sérieux ont fort longtemps puisé dans un registre qui relève de la pseudoscience la plus manifeste.

Une question vient alors à l'esprit : dans cet étrange bal des sciences et des pseudosciences, quel est donc le partenaire des sciences de la Terre ? Un premier élément de réponse est donné par certaines interprétations de la Bible qui affirment d'une part que la Terre n'aurait pas plus de quelques milliers d'années, d'autre part que toutes les espèces vivantes auraient été créées en même temps (c'est le *créationnisme*). Il me semble que cet élément, qui subsiste dans certains cercles religieux parfois très actifs notamment aux États-Unis, a partiellement cédé la place à cet autre paradigme pseudoscientifique, plus récent, selon laquelle la Terre serait une sorte de sanctuaire dont l'équilibre originel aurait été rompu par l'homme, créature par principe néfaste à « l'ordre naturel des choses »[1]. L'un des piliers de cette idée – laquelle prend aujourd'hui des formes très diverses – est la « géophysiologie » proposée par James Lovelock en 1969. Ce chimiste de formation est l'inventeur de l'« hypothèse Gaïa », selon laquelle la Terre serait un organisme vivant pour lequel végétaux, animaux et humains seraient comme des cellules. Selon cette hypothèse, les « cellules » que sont les humains seraient en quelque sorte devenues cancéreuses, et les catastrophes naturelles actuelles ou à venir (comme le réchauffement climatique) seraient une réaction d'ordre immunitaire de notre planète, destinée à éradiquer l'espèce humaine.

L'analogie entre la Terre et l'organisme humain n'est pas nouvelle. On la retrouve sous différentes formes à des époques diverses, notamment dans des théories médicales qui identifiaient par analogie le microcosme du corps humain et le macrocosme de la planète entière (les veines et les artères, par exemple, correspondaient aux fleuves). La nouveauté de l'hypothèse Gaïa tient à la manière dont

1. Notons que l'évidente filiation religieuse de ce « paradis originel » fait de ce nouveau paradigme un prolongement très naturel de celui de la Création biblique.

elle a été (et est toujours) défendue, qui utilise de façon déterminante de vieilles connaissances : les modèles informatiques. Nous n'allons pas entrer ici dans une description détaillée, et nous contenter d'indiquer que, pour l'essentiel, l'hypothèse Gaïa n'est guère plus qu'une analogie assistée par ordinateur. Pour paraphraser Lénine, qui définissait le communisme comme « les soviets plus l'électricité », la théorie Gaïa, c'est en quelque sorte la médecine de la Renaissance plus l'informatique.

L'hypothèse Gaïa n'est que l'une des facettes du discours ambiant concernant notre planète. Elle donne un exemple très net des dangers du raisonnement par analogie : comme il en a été question dans le prologue du présent ouvrage, l'analogie présente l'incomparable avantage de susciter l'intérêt pour des questions nouvelles, mais elle n'est pas un outil de démonstration, et doit donc être utilisée avec prudence. Certes, il est pratique de dire que la Terre « a de la fièvre » pour traduire le fait que la température moyenne de sa surface augmente. L'on conçoit aussi, même s'il s'agit d'un gros abus de langage, qu'il est suggestif de parler de la forêt tropicale comme d'un « poumon ». Malgré tout, il convient d'accepter clairement que ces expressions ne sont *rien de plus* que des façons commodes de s'exprimer. Il est très regrettable que même des scientifiques et des intellectuels se laissent emporter par ce genre de vocabulaire qui personnifie la Terre. On lit par exemple sous la plume de Jacques Grinevald (université de Genève) un appel à créer « une nouvelle cosmologie de l'humanité faisant corps avec toute la Terre en tant que "planète vivante" ». Et les appels à « sauver » notre planète de la « crise » climatique ne se comptent plus, venus d'horizons les plus divers. Gore suggère, dans son film encensé par les carbocentristes, que nous avons « trahi » la Terre ; Lovelock affirme que notre planète est aujourd'hui en train de se « venger » ; quant à l'Unesco, il nous exhorte, dans le titre d'un ouvrage publié en 2007, à « signer la paix avec la Terre ».

N'allons pas dire qu'il ne s'agirait là que de questions secondaires de terminologie. Certes, un physicien quantique qui parle du « charme » d'un quark sait que sous cette expression se cachent des notions précises qui ne laissent aucune place à une interprétation équivoque. Sans inconvénient majeur dans ce genre de cas, un vocabulaire aussi suggestif devient en revanche très risqué dans des situations moins balisées. Par exemple, le terme de « sélection naturelle » retenu par Darwin pour exposer sa théorie de l'évolution a parfois été chargé d'une connotation fautive d'intentionnalité de la part de la nature (qui sélectionnerait les plus aptes comme le jardinier sélectionne ses plants). Darwin tenta lui-même de dissiper le malentendu en expliquant qu'« il est difficile d'éviter de personnifier le mot de Nature ; mais j'entends par nature, seulement l'action conjuguée et le résultat de nombreuses lois de la nature, et par "lois" je désigne la séquence des événements en tant que nous les établissons ». Autre exemple, qui nous ramène à l'épisode historique du prologue : à l'origine de l'affaire des canaux de Mars se niche aussi une question de vocabulaire. Les premières observations de Schiaparelli mentionnaient en effet des « mers » et des « terres » selon la luminosité des différentes régions martiennes. Les lignes que l'astronome italien croyait voir lui semblaient relier les « mers » entre elles, si bien qu'il les baptisa *canali*. Au moins au départ, il ne s'agissait sans doute que d'une dénomination pratique, issue d'un rapprochement commode avec la cartographie terrestre[1]. L'analogie s'est ensuite faite dévorante.

Le carbocentrisme, faut-il le dire, ouvre très facilement la voie à une pseudoscience qui s'intègre à cette vision d'une « Terre vivante ». Sans en être une lui-même, il favorise l'émergence d'une pseudoscience adossée à la climatologie que j'appellerai ici la *climatomancie*. En voici une définition : art divinatoire visant à déduire du comportement humain l'avenir climatique de la Terre, dans l'idée de prescrire à chacun des actions de pénitence.

1. Les *canali* de Schiaparelli auraient d'ailleurs dû se traduire par « chenaux » et non par « canaux » (un canal est une construction artificielle, tandis qu'un chenal peut être d'origine naturelle). Cette traduction révèle peut-être ce qu'a été, dans cette affaire, le premier abus dans l'utilisation de l'analogie terrestre.

Du carbocentrisme à la climatomancie

Il peut sembler quelque peu injurieux de rapprocher de la sorte, même indirectement, carbocentristes et, disons, astrologues. Je me dois donc de préciser ma pensée.

Tout d'abord, je redis avec force que ce n'est pas le carbocentrisme lui-même mais la climatomancie qui constitue une pseudoscience. Certains sceptiques accusent le carbocentrisme de pseudoscientificité : j'insiste sur le fait que, pour moi, une telle accusation est un regrettable amalgame entre la fausse science et la science fausse.

Ensuite, s'il nous est facile aujourd'hui de faire une séparation nette entre, disons, astronomie et astrologie, il convient d'insister sur le fait que la distinction entre les deux n'avait rien de définitif avant le XVIIe siècle. En conclure que les penseurs des époques antérieures étaient plus ou moins des imbéciles serait faire preuve d'une prétention fort mal placée : avant de tenter de répondre à des questions, la science doit d'abord s'en poser, et il n'est pas si facile de savoir, parmi la masse des interrogations que suscite un spectacle aussi fascinant que celui de la voûte céleste, celles d'entre elles qui sont susceptibles d'une investigation rationnelle. Chacun ne peut que constater l'immense influence du Soleil dans notre vie, au travers de l'alternance du jour et de la nuit aussi bien que dans celle des saisons. Quant à la Lune, personne ne peut nier son rôle sur un phénomène aussi spectaculaire que les marées. Comment, dans ces conditions, rejeter sans plus d'examen que les astres exercent une influence sur notre destinée ? D'autant plus que, selon les principales théories disponibles avant le XVIe siècle, la Terre occupe le centre de l'univers, centre autour duquel tournent étoiles et planètes : qu'y a-t-il donc alors d'étonnant à concevoir que notre position si particulière dans l'univers nous soumette aux influences célestes ?

Le problème en jeu ici est l'élaboration de ce qu'Imre Lakatos appelait un « programme de recherche ». Face à un objet comme la voûte céleste, un ensemble de questions, d'hypothèses et d'observations naissent, qui vont former un tout plus ou moins cohérent.

Un programme de recherche, au sens de Lakatos, est constitué d'un « noyau dur » d'affirmations qui mettent d'accord ceux qui participent à ce programme, noyau qui permet de se poser des questions et d'avancer (on pense aussi aux célèbres paradigmes de Thomas Kuhn). Tout le problème, dans le cadre de la séparation entre science et pseudoscience, est qu'il n'est pas facile de savoir d'emblée ce qui constitue un programme de recherche véritablement scientifique.

Alors oui, aujourd'hui, nous savons que la Terre n'est pas le centre de l'univers. Nous savons aussi tracer la ligne de démarcation qui nous permet de distinguer entre les vagues « influences » astrales et les causes physiques. Mais il nous a fallu pour cela beaucoup de temps, parce que cette démarcation est loin d'aller d'elle-même. La meilleure preuve en est sans doute que bien des astronomes parmi les plus éminents étaient également des astrologues qui ont tenté de faire progresser l'astrologie : Claude Ptolémée (IIe siècle), al-Kindi (VIIIe-IXe siècles), Tycho Brahé (XVIe siècle), et surtout Johannes Kepler (XVIe-XVIIe siècles). Des exemples comparables existent dans toutes les disciplines. Concernant l'alchimie, par exemple, citons Avicenne (XIe siècle), Roger Bacon (XIIIe siècle) et Isaac Newton (XVIIe-XVIIIe siècles), également de très grands noms de l'histoire des sciences.

Aussi serait-ce une erreur de penser que rapprocher le carbocentrisme des pseudosciences *via* la climatomancie reléguerait ses partisans au rang des astrologues charlatans que nous connaissons aujourd'hui. Les climatologues adeptes du carbocentrisme peuvent être rapprochés non pas d'une Élizabeth Teissier, la plus médiatique de nos astrologues actuels, mais plutôt d'un William Crookes, brillant physicien et chimiste des XIXe-XXe siècles qui découvrit le thallium et les rayons cathodiques tout en s'adonnant avec ardeur à l'étude des « phénomènes parapsychiques ».

S'il convient de distinguer les sciences des pseudosciences, un simple regard dans le rétroviseur de l'histoire montre donc qu'il fut un temps où leurs acteurs étaient les mêmes. Mais, objectera-t-on, les scientifiques savent désormais fort bien faire la différence. Depuis Galilée, on ne trouve plus un astronome qui soit aussi astrologue, et la chimie s'est séparée de l'alchimie au XVIIIe siècle, notamment sous l'impulsion d'Antoine de Lavoisier. Quant aux mathématiciens, ils ont coupé les ponts avec la numérologie dès l'Antiquité – peut-être grâce à Archytas de Tarente, au IVe siècle avant notre ère. Dans ces conditions, le tri ayant visiblement été fait entre sciences et pseudosciences, comment soutenir qu'il pourrait en aller autrement dans le cas qui nous intéresse ? À cela, la réponse est fort simple : alors que Lavoisier, Galilée ou Archytas étaient les héritiers de pratiques et d'idées dont l'origine se perd dans la nuit des temps, les sciences de la Terre sont un domaine qui est bien loin de pouvoir revendiquer une ancienneté comparable. Si, bien sûr, les esprits se sont penchés depuis fort longtemps sur la question de la forme de nos paysages ou l'évolution du temps qu'il fait, les idées d'un Strabon sur les variations du niveau des mers sont bien loin d'être aux sciences de la Terre ce que les *Éléments* d'Euclide, deux siècles plus tôt, sont pour les mathématiques. Et si les géologues ont définitivement cessé de se référer au déluge biblique au XIXe siècle, le fait que la tectonique des plaques, qui s'imposa dans les années 60, fut qualifiée de « révolution copernicienne de la géologie » (cinq siècles après Copernic, donc) illustre assez le décalage avec lequel ont progressé les sciences de la Terre par rapport à d'autres sciences.

Il n'y a donc rien de fantaisiste à penser que ce domaine du savoir n'ait pas encore eu le temps de bien fixer ses frontières. Si certains se réfugieront peut-être dans le lieu commun qui consiste à croire que nous sommes par définition plus intelligents que les hommes des générations passées, l'histoire des sciences montre aisément qu'une telle idée, tenace, est tout aussi indéfendable dans le domaine scientifique qu'ailleurs.

Enfin, il convient de mentionner que, souvent, même les personnes qui mélangent science et pseudoscience sont conscientes de l'existence d'une différence. Grinevald, par exemple, pourrait facilement défendre ses propos rapportés ci-dessus sur une « nouvelle cosmologie de l'humanité » en expliquant qu'il n'a pas manqué de mettre des guillemets pour parler de « planète vivante ». De la même manière, au moins à partir de l'époque grecque, les astronomes-astrologues pré-galiléens savaient que leurs deux manières d'envisager le ciel étaient distinctes. Ils savaient aussi que l'astronomie était une science solide, tandis que les conclusions de l'astrologie leur semblaient déjà moins assurées. À mon sens, ce qu'ils ignoraient, et ce que semblent aussi ignorer les carbocentristes-climatomanciens, c'est que l'écart épistémologique entre les deux domaines n'est pas simplement celui entre deux disciplines plus ou moins sœurs et dont l'une serait plus avancée que l'autre. Cet écart est en réalité un *fossé* entre des visions du monde profondément différentes.

La difficile démarcation

Une fois admis que les sciences de la Terre n'ont aucune raison de constituer une exception et qu'il est donc tout à fait raisonnable de penser qu'elles possèdent elles aussi leur pendant pseudoscientifique, il reste à justifier pourquoi ce sont les idées autour d'une « Terre vivante » qui en tiennent lieu. Entreprise délicate car il n'est pas facile de préciser les contours exacts d'une pseudoscience : nier que l'homme exerce une influence sur la biosphère serait aussi ridicule que nier l'influence de la Lune sur les activités humaines (les marées l'indiquent sans équivoque). Par ailleurs, pour faire la distinction entre ce qui relève de la science et de la pseudoscience, l'on ne peut pas se contenter de traquer les erreurs du carbocentrisme : encore une fois, celles-ci permettent uniquement d'établir que le carbocentrisme est une science fausse.

Déterminer ce qui sépare la science de la pseudoscience est un vaste débat, bien loin d'être clos. Il ne saurait être question d'en rendre compte ici de manière exhaustive. De plus, comme dans la lutte entre gendarmes et voleurs, tout progrès des premiers pour attraper les seconds est automatiquement intégré par ceux-ci, qui agissent en conséquence. Aujourd'hui, les pseudosciences ne manquent pas de singer la science en se parant de tout ce qui en fait les atours : revues spécialisées, instituts, utilisation du langage mathématique, des statistiques et de l'informatique. Une pseudoscience nouvelle comme la climatomancie peut se jouer facilement des critères de scientificité traditionnels.

Bien que les critères divergent pour déterminer ce qui relève de la science et de la pseudoscience, l'accord est à peu près entier sur la liste des disciplines pseudoscientifiques. Ce phénomène est assez remarquable au vu de la longueur de la liste : en 1660 déjà, Jean François, le professeur de mathématiques de René Descartes, en recensait plus d'une quinzaine parmi celles alors « les plus en vogue » et précisait que sa liste était loin d'être exhaustive[1].

Face à une telle situation, il n'est pas pleinement licite de se contenter d'un simple passage en revue des différents critères de scientificité pour démontrer le caractère pseudoscientifique de la climatomancie (ou, plus généralement, des théories sur la « Terre vivante »). S'il n'y a pas accord sur la méthode, alors nous devons convenir que les critères existants ne captent pas la totalité du phénomène des pseudosciences, ou du moins que leurs défauts théoriques n'ont pas encore été pleinement surmontés. Il n'en reste pas moins qu'un tel passage en revue sera utile avant que je propose mon propre critère.

Une indication du caractère pseudoscientifique de la climatomancie est donnée par une comparaison avec d'autres pseudosciences. En particulier, il y aurait lieu de s'interroger sur l'intérêt éventuel d'une analogie avec l'alchimie. Selon Serge Hutin, la « métallurgie sacrée » est à l'origine de la dimension magique de l'alchimie, dimension qu'il détaille en ces termes : « Manier le feu, transformer des minerais issus du monde souterrain, n'était-ce pas évoquer fatalement tout un univers psychologique de hantises, d'obsessions, d'attirances mêlées ? » Pour la climatomancie, le point de départ serait le pétrole, qui s'extrait du sous-sol à l'aide de pompes à l'inquiétant profil. Quant au « feu » transformateur, il se trouverait au sein de nos automobiles ou, plus encore, dans ces symboles de la peur climatique

1. Mentionnons toutefois que la théorie de l'évolution ne franchit que difficilement certains critères de scientificité *(voir plus loin)*. Le créationnisme, ainsi que son dérivé récent appelé *dessein intelligent*, se situent, eux, très clairement du côté des pseudosciences.

que sont devenues les cheminées d'usine, dont la forme évoque irrésistiblement l'athanor – le fourneau des alchimistes.

J'ignore si cette analogie est ou non le reflet de quelque chose de profond. Quoi qu'il en soit, la pseudoscience qu'il est le plus facile de rapprocher de la climatomancie est moins l'alchimie que l'astrologie, elle aussi art divinatoire fondé sur l'observation d'un macrocosme. Parce que les prédictions de la climatomancie concernent le plus souvent une échelle très vaste, on peut plus précisément la rapprocher de la forme la plus ancienne de l'astrologie, celle dont les prédictions se rapportaient à des événements de grande ampleur : début d'une guerre, chute d'un empire, naissance d'un prince, ou même… phénomènes météorologiques extrêmes (sécheresse, hiver rigoureux).

Peut-on prolonger l'analogie et prévoir la possible émergence d'un volet « individualisé » de la climatomancie qui ferait pendant aux horoscopes que nous connaissons ? Une telle suggestion semble peut-être au lecteur raisonnable n'être que persiflage. La réalité des pseudosciences, pourtant, dépasse souvent la fiction. En l'occurrence, on observe une floraison d'annonces tout à fait « sérieuses » expliquant que le réchauffement climatique risque de causer plus de suicides (Antonio Preti *et al.*, 2007), qu'il pourrait donner des idées nouvelles aux criminels (forum de la Commission australienne du crime, Camberra, 2006), qu'il est susceptible de poser des problèmes à l'industrie de la mode vestimentaire (Beppe Modenese, fondateur de la semaine des défilés de mode de Milan, 2007), qu'il induit une mortalité plus élevée des légionnaires britanniques (Agence britannique de protection de la santé, 2006), qu'il pourrait pousser les femmes pauvres à la prostitution (Suneeta Mukherjee, représentant du Fonds des Nations unies pour la population, 2009), et ainsi de suite. Parallèlement aux grandes annonces émergent donc divers pronostics plus personnalisés. Si l'on ne peut pas encore parler d'individualisation complète des prédictions, l'on s'en approche petit à petit. À quand des « thèmes climatiques » analogues aux thèmes astraux ? Dans certains de nos quotidiens, l'horoscope voisine avec les prévisions météorologiques : verra-t-on un jour une fusion entre les deux, des

« météoscopes » ? Après tout, qui peut nier l'influence du temps qu'il fait sur notre humeur du jour… Oui, je ris aujourd'hui de cela, et veux croire que les scientifiques n'auront pas à en pleurer demain. Si tel devait toutefois être le cas, ils ne pourraient s'en prendre qu'à eux-mêmes d'avoir créé les conditions propices à ce genre de divagations, ou à tout le moins de ne pas s'en être clairement démarqués[1].

À la recherche d'un critère

Redevenons précis. Le critère le plus connu pour séparer la science de la pseudoscience est le critère de Popper, du nom de Karl Popper qui l'a formulé au milieu du XXe siècle. Pour Popper, une théorie ne peut prétendre au statut de science qu'à condition d'être « réfutable », c'est-à-dire qu'il soit possible de concevoir une expérience qui la mette en défaut. L'énoncé « la Terre est plate » est donc scientifique au sens de Popper, puisqu'on peut imaginer une expérience qui le contredise. Notons aussi que l'énoncé « la Terre est ronde » est tout autant scientifique, car il est parfaitement possible d'imaginer une expérience dont la conclusion démentirait l'énoncé (si je marche tout droit sans m'arrêter sur la Terre et que j'en atteins un bout, j'aurai montré que la Terre n'est pas ronde). Le critère de Popper n'est pas un critère de *vérité* des énoncés, mais de *scientificité*.

Le critère de Popper a connu, et connaît toujours, un grand succès. Très maniable, il invite à l'humilité scientifique en rappelant qu'il est fort présomptueux de prétendre détenir la « vérité ». Par ailleurs, le critère prend habilement à revers les pseudosciences en leur reprochant non pas de se tromper, mais bien au contraire d'avoir perpétuellement raison, de n'être pas ouvertes au démenti, d'avoir toujours dans leur manche le moyen de contourner les objections par l'incessante invocation d'éléments nouveaux.

Pourtant, malgré sa célébrité, le critère de Popper ne fait pas

1. Pour l'anecdote, durant l'été 2009, le portail internet du fournisseur Orange proposait à ses clients de s'intéresser à leur « climat astral ».

l'unanimité, et différentes objections font que sous une apparente simplicité se cache un certain nombre de difficultés (par exemple, il ne permet guère à la théorie de l'évolution d'être considérée comme scientifique[1]). Aussi ne doit-on pas se fier inconsidérément à ce critère. Celui-ci fournit tout de même trois éléments de réflexion qui sont d'un certain intérêt pour l'analyse de la climatomancie, et par lesquels je vais commencer avant de tâcher d'aller plus loin.

Le premier concerne la dérive sémantique qui apparaît aujourd'hui : les tenants du carbocentrisme ne parlent plus de « réchauffement » mais de « changements », voire de « dérèglements climatiques ». Le critère de Popper permet de comprendre le dangereux glissement qui s'opère ainsi. La thèse d'un réchauffement peut se confronter à la réalité : en un mot, et même si nous avons vu que les choses sont en réalité bien plus compliquées *(voir chapitre 3)*, on prend un gros thermomètre qui mesure la température de la Terre, et l'on regarde dans quel sens cette température évolue. Avec « changements », il devient pour ainsi dire impossible de se livrer à quelque étude que ce soit ; n'importe quel événement météorologique remarquable, comme il y en a tant et depuis toujours, peut désormais faire figure de « preuve », ou d'« indice ». Rien, dans l'expression de « changements climatiques », ne donne prise à la confrontation, d'autant que les mesures des indicateurs météorologiques sont encore relativement récentes, surtout dans certaines parties du globe, ce qui permet facilement de battre ici ou là des records de chaleur, de froid, de précipitations...[2] Quant au vocabulaire de « dérèglement » climatique, il fait entrer pour de bon

1. Popper lui-même a d'abord émis de sérieuses réserves sur la « sélection naturelle » proposée par Darwin ; il s'est tout de même par la suite rallié à la théorie synthétique de l'évolution, la qualifiant de « programme métaphysique de recherche ».

2. Dès le début de l'affaire, il a été question de « changements climatiques », comme en témoigne le nom anglais du GIEC (Intergovernmental Panel on Climate Change). Toutefois, c'est bien de réchauffement qu'il a surtout été question. Les carbocentristes peuvent se mordre les doigts de la légèreté avec laquelle ils ont utilisé le terme de réchauffement : face à la stagnation de la température globale, cette erreur tactique leur coûte aujourd'hui très cher.

dans la pseudoscience d'une « Terre vivante », avec l'idée d'un climat initialement « bien réglé » dans une nature première que l'homme aurait, comme toujours, inconsidérément et égoïstement souillée. Les termes de « réchauffement » et de « dérèglement » climatique illustrent très bien la différence entre carbocentrisme et climatomancie.

Le critère de Popper apporte un éclairage sur un second élément – la nature de la théorie : même en en restant au « réchauffement » plutôt qu'au « changement » climatique, les faits défavorables comme la baisse de la température globale depuis quelques années peuvent toujours être interprétés en termes de fourchette d'erreur, ou de phénomènes provisoires. De plus, au vu de la masse et de la variété des annonces, il faudrait que les carbocentristes soient victimes d'une malchance particulièrement tenace pour qu'aucune de leurs prédictions ne se réalise jamais.

Une dernière manière d'exploiter ici le critère de Popper concerne l'examen de la technique qu'on pourrait appeler des « arguments glissants », très souvent employée dans le cadre du carbocentrisme. Les exemples les plus évidents de l'emploi de cette technique sont la courbe en crosse de hockey *(voir chapitre 2)* et les analyses de l'évolution des températures et de la teneur atmosphérique en gaz carbonique déduites des carottes glaciaires *(voir chapitre 3)*. Dans les deux cas, on a affaire à ce qui fut considéré comme des arguments centraux du carbocentrisme, dont la nature finalement défectueuse aurait dû alerter sur la fragilité de la théorie elle-même. Face à ces revers objectivement très graves, beaucoup de carbocentristes se contentent de répliquer que ces deux points ne sont que des éléments d'un ensemble beaucoup plus vaste qui grossit de jour en jour, et que la théorie ne dépend pas d'eux. Cette attitude permet, dans un premier temps, de contourner le critère de Popper, en reconnaissant que tel ou tel point était erroné. L'objection que suggère le critère de Popper n'est pourtant pas réellement écartée, elle prend la forme suivante : si ces deux points (la crosse de hockey et les carottes de glace), pourtant historiquement clés, n'étaient pas si essentiels, où sont-ils donc, ces points cruciaux qui justifient ce fameux consensus ? En observant en 1919 la déviation des rayons solaires lors d'une éclipse,

Arthur Eddington confirma une bonne fois pour toutes la théorie de la relativité générale d'Albert Einstein. Trouve-t-on quelque chose de comparable pour le carbocentrisme ? À l'évidence non : en dehors des scénarios des modèles, seuls existent des indices, dont l'efficacité tient à leur nombre davantage qu'à leur pertinence, et dont la démonstration du caractère défectueux n'a jamais d'effet : à peine la crosse de hockey était-elle définitivement discréditée qu'elle était remplacée par autre chose (les « graphes en spaghettis »).

Qu'y a-t-il de commun entre les pseudosciences ?

Pour justifier de l'intérêt de son critère, Popper faisait valoir qu'il n'est pas possible de montrer qu'une théorie est vraie (elle ne peut être, au mieux, qu'en accord avec un ensemble d'observations passées), mais qu'il est en revanche possible de démontrer qu'une théorie est fausse (il suffit d'une expérience qui la contredise). Le faux est plus facile à identifier que le vrai : il est donc logique de s'intéresser d'abord au faux. De la même façon, pour esquiver l'immense difficulté à définir ce qu'est la science, il me semble intéressant de tenter de prolonger cette idée de Popper et de rechercher non pas un critère de scientificité, mais un *critère de pseudoscientificité*.

J'ai dit plus haut qu'il y a bon accord sur l'essentiel de la liste des pseudosciences, mais que des divergences profondes existent sur les critères permettant d'identifier une pseudoscience comme telle. Face à un tel phénomène, il est difficile de contourner le fait que la liste précède les critères, et que ceux-ci ne sont qu'une construction destinée à la légitimer *a posteriori*. Un tel constat évoque, de loin, celui que faisait Nietzsche concernant les systèmes philosophiques.

Pour tâcher d'y voir clair, considérons la définition suivante : « *Métoposcopie* : discipline qui anticipe le futur d'une personne à partir de la forme des lignes de son front ». Il est fort probable que, au vu de cette définition, même les lecteurs de formation scientifique les moins versés dans l'épistémologie classeront sans attendre la métoposcopie parmi les pseudosciences. Signaler que la métoposcopie a pourtant fait l'objet d'un traité écrit par celui qui fut par ailleurs l'un des plus grands savants de la Renaissance, Jérôme Cardan, ne suffira sans doute pas à faire changer ces lecteurs d'avis. Pourtant, je ne crois pas m'avancer en supposant que très peu d'entre eux sont au fait des méthodes et des conclusions de la métoposcopie – je n'en sais d'ailleurs pas davantage. Ce n'est donc certainement pas en vertu du critère de Popper, ou de n'importe quel autre critère de scientificité, que nous nous faisons une opinion. Le nom de métoposcopie « sonne » assez comme quelque chose de scientifique[1]. Le fait qu'elle prétende prévoir l'avenir ne la disqualifie pas plus que la météorologie au titre de science. Quant aux lignes du front, on pourrait les relier à l'anatomie, qui n'a rien de pseudoscientifique. Enfin, le fait que la métoposcopie prétende lier deux choses (le destin et le front d'un individu) qui n'ont rien en commun n'est pas rédhibitoire : le prestige de la science tient en partie aux liens improbables qu'elle se montre capable de mettre au jour – citons une fois encore le cas de la Lune et des marées.

Je pense que ce qui nous pousse à ranger la métoposcopie parmi les pseudosciences peut se comprendre par la définition suivante : une pseudoscience est une discipline qui prétend à la scientificité en tentant d'utiliser un *objet* (les astres, les lignes du front, le climat…) comme médium pour s'intéresser à quelque chose qui se rapporte à un *sujet* (la destinée de l'homme, les traits de caractère d'un individu, la « moralité » de la civilisation technologique…)[2].

---

1. J'ai délibérément évité de choisir un exemple évoquant une pseudoscience, comme par exemple les disciplines dont le nom finit par *-mancie*, un suffixe associé aux arts divinatoires (du grec μαντεια, *manteia*, faculté de prédire, action de consulter ou d'interpréter un oracle).

2. J'ai conscience de la difficulté, pour ne pas dire l'impossibilité, de définir précisément les mots *objet* et *sujet* – cette difficulté se pose aussi pour le mot *science*. Mais au moins pour la discussion qui va suivre, ce point ne devrait pas être problématique. Par ailleurs, il convient de faire la distinction entre pseudoscience et simple superstition : la diseuse de bonne aventure qui prétend lire l'avenir dans les lignes de la main ne prétend pas, en général, faire œuvre de science. Pour cette raison, la chiromancie n'entre pas dans la catégorie des pseudosciences.

C'est en la débarrassant pour toujours des théories « vitalistes » que Claude Bernard fonde la médecine moderne – il n'a de cesse, dans son *Introduction à l'étude de la médecine expérimentale* (1865), d'*objectiver* le corps humain, en en soulignant le fonctionnement purement physico-chimique. De même, quand Jean de La Fontaine dénonce dans sa fable les prétentions des astrologues, c'est fort intelligemment qu'il écrit que la planète Jupiter n'est qu'« un corps sans connaissance », c'est-à-dire un objet et non pas un sujet[1]. À l'inverse, c'est lorsque Franz Gall prétendra, au début du XIXe siècle, déterminer la personnalité des individus à partir de la forme de leur crâne que sa phrénologie sombrera dans la pseudoscience, alors même que son idée selon laquelle aux différentes zones du cerveau correspondent des activités différentes était visionnaire et est aujourd'hui pleinement acceptée[2].

Il me semble donc que, lorsque par exemple, Michel Serres écrit que « La nature se conduit comme un sujet », il ouvre grand la porte aux pseudosciences de la Terre – même si c'est sans aucun doute à son corps défendant.

Le critère de pseudoscientificité précédent présente un point aveugle : il ne permet pas de trancher pour les disciplines qui ont prétention scientifique et dont l'objet d'étude est lui-même un sujet. La psychanalyse, par exemple, mais aussi la sociologie, l'histoire, ou certains aspects de la médecine, sont des domaines du savoir pour lesquels le critère précédent ne saurait donner de réponse[3].

---

1. Notons en passant le bel esprit critique de l'auteur de *L'Horoscope* sur l'astrologie ; sur ce sujet, La Fontaine s'est montré plus clairvoyant que Kepler lui-même, dont il n'est chronologiquement pas très éloigné (La Fontaine avait 9 ans à la mort de Kepler).

2. Parce qu'il est difficile à l'homme de se considérer comme simple objet, une discipline comme la médecine attire immanquablement les pseudosciences, et s'avère logiquement d'une difficulté prodigieuse. De ce point de vue, est-il même une discipline scientifique qui soit d'une complexité comparable ? L'étude de « notre mère la Terre », peut-être…

3. Le caractère incomplet du critère me semble à mettre à son actif et non à son passif, car il n'y a pas de raison valable de n'accorder de la valeur qu'à

Si ce critère de pseudoscientificité est de quelque valeur, alors il convient de considérer avec la plus grande méfiance les discours courants qui appellent à « rapprocher la science des citoyens ». Au bout d'une telle logique en effet, il y a la phrénologie. Il y a l'astrologie. Il y a la « Terre vivante ». Il y a tous ces innombrables domaines qui prennent les habits de la science *objective* et qui, en raison de ce qu'ils prétendent nous dire de nous-mêmes, méritent au plus haut point d'être considérés comme « proches de nous ».

À partir du critère précédent, le fait qu'à une science correspond presque toujours une pseudoscience reçoit un nouvel élément d'explication, que je regarde comme le plus profond : l'homme étant rempli de pulsions et d'angoisses de toutes sortes, toute partie de la réalité qu'il croit saisir peut devenir l'écran sur lequel elles se projettent, dénaturant irrémédiablement l'œuvre scientifique entreprise. Et il n'est pas nécessaire d'en savoir beaucoup sur la nature humaine pour concevoir que, lorsque est offerte à ces vagues intérieures la liberté de déchaîner leur formidable puissance, les quelques digues que la science a construites – primat de l'observation, reproductibilité des expériences, publications avec contrôle par les pairs… – sont des protections qui ne sont pas longues à être englouties.

Archaïsme et modernité des pseudosciences

Le rapprochement donné plus haut entre climatomancie et astrologie cache une différence importante : l'astrologie relève d'une vision du monde que je qualifierai ici d'*archaïque*, c'est-à-dire dans laquelle le sujet (l'homme) est dans une position d'infériorité, de soumission à l'objet (les astres). Or la climatomancie, elle, place l'humanité dans une position bien différente : celle de « possesseur du climat ».

---

la seule méthode scientifique « dure ». Le critère suggère certes une séparation entre pseudosciences (« mauvaises ») et sciences (« bonnes »), mais laisse la porte ouverte à des domaines qui échappent aux « sciences dures », sans pour autant légitimer la pseudoscience.

La plupart des pseudosciences, de l'alchimie à la numérologie en passant par la phrénologie, partagent avec l'astrologie un caractère archaïque. La première pseudoscience *moderne* a peut-être été la parapsychologie, qui prête à l'esprit humain une puissance magique censée lui permettre de mouvoir les objets à distance ou de communiquer avec les disparus. Ce n'est sans doute pas un hasard si cette pseudoscience a émergé surtout à partir de la révolution industrielle, au cours de laquelle l'homme a semblé accomplir le fameux programme proposé par Descartes : se rendre « maître et possesseur de la nature ».

On pourrait objecter à cela que prêter à certains hommes des qualités surnaturelles n'a rien de nouveau. La vie de Pythagore que nous présente un auteur comme Jamblique, par exemple, est une longue succession de miracles au cours desquels l'on voit Pythagore, plus de cinq siècles avant notre ère, commander aux animaux, disposer du don d'ubiquité, ou encore celui d'arrêter les tempêtes (tout comme nous, paraît-il, si l'on réduisait nos émissions de gaz à effet de serre). La différence essentielle est que le Pythagore que décrit Jamblique tient plus du dieu que de l'homme – Jamblique, qui vit environ sept siècles après Pythagore, voulait surtout, semble-t-il, faire du pythagorisme une sorte de religion alternative pour contrer l'influence alors grandissante du christianisme. De même, l'alchimiste qui s'adonne à la réalisation du grand œuvre ne cherche pas à révéler la puissance de l'homme, mais bien à dépasser l'humanité pour s'approcher de Dieu. La biographie de la plupart des « extralucides », en revanche, ne suggère absolument pas que les vedettes de la parapsychologie soient des « élus » : ils viennent de milieux en général tout à fait quelconques et ils n'ont rien de surhommes. Ce sont seulement des personnes qui, pour une raison inconnue, ont développé certaines facultés à un degré plus élevé que la moyenne.

Depuis la seconde moitié du XXe siècle, la vision cartésienne a perdu de sa superbe. Si l'homme se pense toujours possesseur de la nature, au point de prétendre s'employer à « sauver la Terre », il ne s'en voit plus comme le maître. La peur a gagné du terrain. L'émergence de celle-ci dans nos sociétés et son influence sur les orientations de la science contemporaine ont fait l'objet d'une analyse très pertinente de Richard Lindzen en 2008, pour qui la peur du « réchauffement climatique » n'est que le dernier avatar d'une longue série de peurs entretenues pour des raisons tenant à la structure même du financement de la recherche scientifique. Pour Lindzen, en un mot, les crédits de recherche sont aujourd'hui attribués dans la perspective non plus de *faire progresser les connaissances* mais de *résoudre des problèmes*. Il s'agit donc moins, désormais, de découvrir des choses nouvelles dont on espérerait des retombées à moyen ou long terme, mais de proposer des solutions aux soucis du moment. Il va de soi que, dans ces conditions, la recherche scientifique profite de l'existence de peurs, et qu'elle n'a aucun intérêt objectif à résoudre les problèmes qui sont la source même de son financement.

Pour en rester aux pseudosciences, la climatomancie est un cas d'école de pseudoscience qui mêle les sentiments de puissance et de peur ; je la désignerai ici sous le qualificatif, un peu risqué car de nos jours quelque peu galvaudé, de *postmoderne*[1].

Sur cette problématique générale des pseudosciences, il conviendrait, mais ce ne pourrait être pour notre sujet qu'une bien trop hasardeuse prospective, de s'interroger sur le moment où la science se sépare de la pseudoscience, et où leurs acteurs cessent définitivement d'être les mêmes. Je voudrais brièvement proposer une piste, qui n'est pour l'instant pas davantage qu'une hypothèse : le moment

---

1. Pour tester cette idée d'une évolution des pseudosciences d'un type archaïque à un type moderne, puis postmoderne, il serait intéressant d'observer les « médecines parallèles » qui se créent de nos jours et celles qui déclinent. Par exemple, le « pouvoir de guérison » proclamé par un auteur très médiatisé qui met en avant nos « défenses naturelles » pour lutter contre le cancer relève typiquement d'une pseudoscience postmoderne. *A contrario*, je soupçonne que la médecine fondée sur l'astrologie, chère à un médecin comme Paracelse au XVIe siècle, n'a elle plus guère d'adeptes.

Une autre piste serait, au vu du succès persistant d'une pseudoscience aussi archaïque que l'astrologie, d'évaluer dans quelle mesure elle est parvenue à s'adapter aux idées contemporaines (par exemple, que disent désormais les astrologues sur le libre arbitre ?).

de cette séparation est corrélé à celui où la science acquiert sa pleine *maturité*. C'est à partir de Galilée que les astronomes cessent d'être astrologues; c'est sous l'impulsion de Lavoisier que les chimistes cessent d'être alchimistes; c'est en même temps que se déploie la stratigraphie (et la théorie darwinienne de l'évolution) que la géologie, au XIXe siècle, se débarrasse de toute référence au déluge biblique. On pourrait aussi suggérer d'inverser le lien causal: ne serait-ce finalement que lorsqu'une discipline qui se veut scientifique parvient à expulser de son sein ce qui n'est que la projection de nos pulsions et de nos angoisses qu'elle mérite pour de bon le titre de science? Avec un brin d'humour, l'on en viendrait alors à proposer cette définition circulaire: une discipline est une science dès lors qu'elle est parvenue à repérer la pseudoscience qui lui correspond.

Les non-preuves

Ce qui précède semble peut-être un peu trop théorique, mais des exemples concrets illustrent comment le carbocentrisme – initialement théorie aussi acceptable que n'importe quelle théorie nouvelle – est en train de créer les conditions propices à l'essor d'une pseudoscience de plus en plus envahissante.

Dans un texte très intéressant, David Evans, qui a travaillé pendant six ans à la conception de modèles pour l'Office australien de l'effet de serre, a lancé aux carbocentristes le défi de publier les preuves qui soutiennent l'affirmation selon laquelle les émissions de gaz carbonique seraient la cause principale du réchauffement climatique. Bien loin d'une provocation gratuite, le texte d'Evans brille particulièrement par les cas de nullité qu'il propose, qui forment un cadre d'une belle rigueur scientifique. Pour Evans, ne constitue pas une preuve:

– un indice du réchauffement climatique («car telle n'est pas la question: tout le monde sait que le réchauffement a lieu», ajoute-t-il – bien que, au vu de la stagnation actuelle de la température globale, ce point semble désormais contestable);

– une observation qui confirme une prédiction faite par un modèle ;

– le fait qu'il n'y ait pas de théorie alternative crédible ;

– l'extrapolation à l'ensemble de l'atmosphère des conclusions d'expériences de laboratoire exagérément simplificatrices ;

– le fait que quelqu'un prétend que c'est vrai.

Aucun de ces impératifs méthodologiques n'est choquant pour un scientifique. Tous sont pourtant violés dans les discours actuels sur la « crise climatique », ce qui montre que nous sommes confrontés à un phénomène bien plus grave que de simples errements dans l'interprétation des données ou dans les analyses statistiques.

Le premier point est violé par toutes les images et annonces catastrophistes sur la fonte de la banquise arctique (un phénomène tout ce qu'il y a de naturel), les « chaleurs record » dans telle ou telle région à telle ou telle date, sans parler des courbes de la température globale (dont j'ai assez dit au chapitre 3 le caractère plus que douteux). Il a été expliqué au chapitre 5 pourquoi le deuxième point de cette liste est légitime et en quoi les résultats des modèles sont invoqués d'une manière qui évoque les oracles de l'Antiquité – dans cette veine, hautement significative se range l'utilisation fréquente par les carbocentristes du terme pseudoscientifique de *prédictions* au lieu de celui de *prévisions* (les astrologues font des prédictions ; les scientifiques, comme les météorologues, par exemple, font eux des prévisions). Prolongeant encore cette idée d'oracle, le site internet carbocentriste en principe le plus à la pointe de la science, RealClimate, explique carrément qu'il est impossible de donner une justification explicite de l'affirmation courante (mais jamais démontrée) selon laquelle un doublement de la teneur atmosphérique en gaz carbonique provoquerait une augmentation de deux degrés de la température globale : « s'il s'agit d'en venir aux détails [...] nous ne pouvons faire mieux que d'ensevelir notre interlocuteur sous des tonnes de papiers donnant les résultats des innombrables calculs effectués », affirme Spencer Weart (Institut américain de physique) sur le site, dans le droit fil des explications données par certains médiums expliquant pourquoi leurs tours de forces parapsychologiques demandent une « confiance » échappant à toute investigation rationnelle.

Nous reviendrons à la fin de ce chapitre sur le troisième point mentionné par Evans. Le quatrième point vise tout particulièrement les expériences de Svante Arrhenius faites à la fin du XIXe siècle et sur lesquelles se fondent une partie de la justification carbocentriste selon laquelle le gaz carbonique serait la cause d'un effet de serre aujourd'hui excessif : « l'atmosphère est trop grande et trop complexe pour être réduite à un tube à essai », explique Evans non sans pertinence.

Le dernier point est violé particulièrement souvent, et ce n'est pas là le moindre élément à charge contre certains alarmistes du climat. La mécanique du solide a eu le plus grand mal à progresser tant qu'elle était soumise à l'autorité d'Aristote. La médecine fut paralysée pendant des siècles par l'impératif de suivre les prescriptions de l'autorité qu'était Galien. Le problème venait-il d'Aristote et de Galien ? Certainement pas. La *Physique* d'Aristote contient de très belles idées, dont certaines anticipent notamment la topologie, une branche des mathématiques qui ne commencera à émerger qu'à la fin du XIXe siècle. Quant à Galien, il s'est lancé avec deux millénaires d'avance dans la chirurgie oculaire et cérébrale. Le problème, dans les deux cas, était ailleurs : il venait de l'idée d'*autorité*. Car, en science, il n'y a pas d'autorité. Un physicien qui parle de mécanique quantique est bien souvent amené à évoquer des phénomènes déroutants pour l'intuition courante ; pour soutenir la validité de la mécanique quantique, commence-t-il par se placer sous l'autorité de Niels Bohr, de Louis de Broglie ou de Richard Feynman ? Non : il commence *toujours* par évoquer une expérience décisive, une observation fondatrice, ou un objet de la vie courante dont le fonctionnement est réglé par la théorie. *A contrario*, lorsque certains affichent le « consensus » comme argument principal en faveur du carbocentrisme, ils se placent *de facto* hors de la science. Pour moi, le seul intérêt que présente l'argument d'autorité est qu'il incite à la modestie – une leçon certes toujours profitable, mais qui ne saurait avoir pour fonction d'imposer l'adhésion à une théorie scientifique.

La science orwellienne

À côté de ces reproches de fond, les sceptiques nourrissent également envers certains de leurs adversaires le grief d'user d'une rhétorique qu'ils qualifient souvent d'orwellienne, en référence, bien sûr, au fameux *1984* de George Orwell. S'il ne saurait être question, bien sûr, de pousser le rapprochement trop loin, la façon de raisonner de certains alarmistes du climat est pourtant parfois bien étonnante. Nous avons déjà parlé au chapitre 2 du brutal « retournement d'opinion » de la communauté carbocentriste au moment où la courbe en crosse de hockey est née de la construction mathématique défectueuse de Michael Mann et de ses collaborateurs. Par ailleurs, devant certains ajustements des courbes de température *(voir chapitre 3)* qui ont pour subtil effet de refroidir la Terre dans le passé et permettent ainsi de soutenir plus facilement que la Terre se réchauffe, comment ne pas se souvenir du slogan de l'Angsoc, le parti unique qui dirige le super-État du roman d'Orwell : « qui contrôle le passé contrôle l'avenir » ? Que l'on songe, encore, aux amalgames fréquents entre le présent et le futur lors de l'exploitation médiatique d'événements comme l'ouragan Katrina qui a ravagé la Louisiane en 2005 ou la canicule qui a frappé la France en 2003. Présentées comme « précurseurs possibles » de nos malheurs futurs, ces fureurs météorologiques ont un statut éternellement ambigu, tiraillés que sont les partisans du réchauffement climatique d'origine humaine entre le courant climatomancien, qui ne souhaite rien tant que de « frapper l'opinion », et le courant carbocentriste, à qui l'honnêteté scientifique contraint de reconnaître que ces événements tragiques ne peuvent décemment pas être rapprochés de ces malheureux 0,7 °C d'augmentation de la température globale. Comme souvent, probablement, cet exercice d'équilibriste qui se rapproche de la « doublepensée » d'Orwell est facilité par la conviction de contribuer, d'une manière ou d'une autre, à la supposée nécessaire « prise de conscience ».

Il est bien d'autres exemples de l'existence d'une « doublepensée » en climatomancie. En particulier, les trois slogans de l'État totalitaire d'Orwell : « la guerre c'est la paix, la liberté c'est l'esclavage, l'ignorance c'est la force » pourraient se réécrire : le réchauffement c'est le refroidissement, l'échec c'est le succès, la hausse c'est la baisse.

Le réchauffement, c'est le refroidissement. En anglais, cela donne *Global warming can cause global cooling* (un réchauffement global peut causer un refroidissement global), qui est le titre d'un entrefilet de Jeff Poling en 1999, résumant un article paru dans la revue *Nature* en juillet de la même année (l'article mentionne le 21 juillet, il s'agit en réalité du 22). Nulle trace d'ironie dans cet article qui explique en substance qu'un réchauffement global ferait fondre la glace de la banquise et provoquerait l'arrêt du Gulf Stream qui réchauffe les côtes de l'Europe de l'Ouest, abaissant brutalement et durablement la température de cette partie du monde. (Notons que, malgré encore quelques annonces sporadiques, plus personne ne craint pour de bon la réalisation d'un tel scénario à l'échelle des prochains siècles.)

L'échec c'est le succès : telle fut en substance l'annonce de Lewis Pugh, du Polar Defense Project, qui, en 2008, prévoyait de se rendre en kayak jusqu'au pôle Nord, escomptant que la banquise aurait entièrement fondu sous l'effet du réchauffement climatique. « Ce ne sera peut-être pas possible, expliqua-t-il. Mais peut-être est-ce l'année où cela le sera. J'espère que je n'y parviendrai pas. L'échec serait un succès dans cette expédition. » C'est donc un cinglant succès qui a été au rendez-vous, le kayakiste ayant été pris par les glaces à une centaine de kilomètres de sa base, après être parti pour une expédition initialement prévue pour en compter un millier.

Avec *la hausse c'est la baisse*, nous avons affaire à une affirmation qui émane du NSIDC, l'Institut national américain sur les données glaciaires et neigeuses, qui publie régulièrement les courbes indiquant l'état de la banquise. En 2007, cette dernière, pour des raisons diverses que des carbocentristes attribuent à la tendance au réchauffement planétaire et les sceptiques à la conjonction de phénomènes météorologiques particuliers, avait chuté à son niveau le plus bas depuis 1979 (date à laquelle les relevés précis ont pu commencer, grâce à la technologie satellitaire). Début 2008, Pugh, dont il vient d'être question, ne fait que relayer l'alarmisme ambiant en déclarant craindre que la banquise dégèle entièrement (bien que personne ne sache bien dire en quoi cela serait problématique en soi, ni montrer qu'un tel phénomène serait véritablement exceptionnel à l'échelle de quelques siècles). Les médias en parlent abondamment jusqu'à l'été 2008, de nombreux yeux scrutent jour après jour l'évolution de la courbe. Mi-septembre, la fonte annuelle est terminée : elle montre une surface de glace en augmentation de près de 10 % par rapport à l'année précédente. Comme la tendance sur trente ans reste néanmoins à la baisse, l'on aurait pu s'attendre à ce que le NSIDC explique que la légère remontée de 2008 est insuffisante pour compenser la diminution des années antérieures. Pourtant, le communiqué du NSIDC va beaucoup plus loin en expliquant que, « bien qu'au-dessus du record [de 2007], cette année renforce encore la forte tendance négative dans l'extension glaciaire estivale observée les trente dernières années[1] ». C'est ainsi que la hausse est devenue renforcement d'une tendance à la baisse[2].

Scientificité du scepticisme

Continuer dans cette veine serait aisé, mais risquerait vite de nous entraîner trop loin, à la fois dans l'analogie et la facilité. De plus,

1. *While above the record minimum set on September 16, 2007, this year further reinforces the strong negative trend in summertime ice extent observed over the past thirty years.*

2. En 2009, l'extension arctique s'est encore légèrement renforcée. L'année 2009 reste toutefois en dessous de la moyenne des trente années de relevés disponibles, et il est bien sûr trop tôt pour dire si le renforcement des deux dernières années écoulées est appelé ou non à se poursuivre. Il est par ailleurs instructif de noter qu'en Antarctique (un continent étrangement peu cité lorsqu'il est question de la « fonte des pôles »), la fonte des neiges a atteint un *minimum* record durant l'été austral 2008-2009, selon un article de Marco Tedesco et Andrew Monaghan paru en 2009 dans *Geophysical Research Letters*.

il convient aussi d'interroger le scepticisme climatique pour se demander s'il ne prête pas lui aussi le flanc à l'accusation de pseudoscientificité. La réponse à cette nouvelle question est moins univoque dans la mesure où les sceptiques ne sont pas soudés comme le sont les carbocentristes. La réponse varie donc selon le type de sceptiques auquel on s'intéresse.

Pour ce qui touche à la pseudoscientificité, trois groupes de sceptiques me semblent devoir être distingués. Le premier est constitué de ceux pour qui le carbocentrisme n'est que le bras armé d'adversaires politiques à combattre. On trouve notamment dans ce groupe divers cercles de réflexion politique américains qui, pour faire au plus court, affirment que l'affaire du réchauffement climatique n'est qu'une manière de s'en prendre au mode de vie occidental. Ce type de discours n'est pas à proprement parler pseudoscientifique, mais bien plutôt *antiscientifique* ce qui, cela va sans dire, ne vaut pas mieux. Il est tout à fait conjoncturel qu'un tel discours antiscientifique se trouve être l'allié objectif des sceptiques du climat. Une telle alliance objective est à double tranchant dans la mesure où, au moins en France, elle donne jeu facile aux carbocentristes de se positionner contre des tendances politiques qui n'ont de toute façon pas bonne presse. Comme toute alliance hétéroclite, l'armée des sceptiques comporte quelques éléments parfois bien encombrants…

Un second groupe de sceptiques est constitué de ceux qui proposent une théorie alternative au carbocentrisme. Aux premiers rangs de ce groupe l'on trouve les solaristes, qui mettent en avant les variations des cycles solaires, mais d'autres théories plus isolées existent aussi. Je n'aurai pas la prétention ici de donner un avis sur la pertinence éventuelle de ces diverses théories alternatives, si ce n'est pour redire que même le solarisme n'est pas encore parvenu à acquérir une force de conviction suffisante. Ce second groupe de sceptiques me semble vierge de tout soupçon. Ses membres font œuvre de science, même si leurs avis sont minoritaires. Il est pour ainsi dire impossible, quel que soit le critère retenu, de défendre que le solarisme, l'océanisme, ou encore la théorie des « anticyclones polaires mobiles » de Marcel Leroux seraient de la pseudoscience. Le seul reproche auquel ce groupe peut prêter le flanc est celui de faire de la science fausse, un péché que, comme il a déjà été dit, il faut bien considérer comme véniel, faute de quoi bien peu de chercheurs pourraient prétendre au paradis scientifique.

Le dernier groupe de sceptiques correspond à ceux dont la devise est : « nous ne savons pas ». Nous ne savons pas pourquoi la Terre s'est réchauffée depuis le XIXe siècle. Nous ne savons pas pourquoi le climat a des sautes d'humeur. Nous ne savons pas si la stagnation actuelle de la température globale est appelée à durer. Nous ne savons pas pourquoi le cycle solaire 24 a pris un tel retard (qui va sans doute avoir pour effet de refroidir la Terre). Nous ne savons pas pourquoi il y a eu plus de phénomènes El Niño (chauds) que de La Niña (froids) au cours du XXe siècle. Nous ne savons pas, parce que le climat est une machinerie incroyablement complexe pour laquelle aucune théorie générale n'existe aujourd'hui. Que peut-on penser d'une telle position ?

Nous sommes au Ve siècle avant notre ère. Dans une riche demeure d'Athènes, un jeune militaire ambitieux discute avec un philosophe au dos courbé par les ans. Ce dernier, qui n'est autre que Socrate, demande à son hôte, Ménon, de faire venir un esclave pour discuter avec lui d'un problème de géométrie : comment, un carré étant donné, construire un carré de superficie double. Le jeune esclave, qui n'est jamais allé à l'école, propose stupidement de doubler la longueur du côté. Patiemment, Socrate lui fait prendre conscience que cette solution conduit à multiplier la superficie par quatre, et non par deux. L'esclave propose alors une autre solution, qui se révèle fausse elle aussi. Finalement, il reconnaît ne pas savoir répondre à la question. Socrate fait alors de cette discussion le compte-rendu suivant (ici légèrement abrégé) : « Tu peux te rendre compte, Ménon, du chemin que ce garçon a déjà parcouru : au début il ne savait certes pas [la solution au problème] – tout comme maintenant non plus il ne le sait pas encore –, mais, malgré tout, il croyait bien qu'à ce moment-là il le savait. N'est-il pas maintenant dans une meilleure situation ? Si je ne me trompe, nous lui avons été bien utiles. En effet, maintenant, il pourrait, parce qu'il ne sait pas, se mettre à chercher avec plaisir, tandis que tout à l'heure, c'est avec facilité qu'il croyait s'exprimer correctement [sur le problème]. Penses-tu qu'il entreprendrait de chercher ou d'apprendre ce qu'il croyait savoir avant d'avoir pris conscience de son ignorance ? »

Ces paroles, si exactes que l'on se doit de les citer telles quelles, peuvent se prolonger naturellement par le théorème épistémologique suivant : *l'énoncé « je ne sais pas », lorsqu'il est dit de façon honnête, est toujours scientifique*. Il contient une réelle dose d'information scientifique, dont l'importance varie selon la personne qui le dit : ainsi, si un écolier confessant ne pas avoir trouvé la solution au problème posé par son professeur délivre une information qu'on pourra juger insignifiante (à moins, sans doute, de se placer sur un plan pédagogique ou didactique), le « nous n'avons absolument rien compris » du mathématicien Willem Malkus qui venait de réaliser que les phénomènes chaotiques de convection dans les fluides échappaient aux connaissances de son temps, loin d'être un simple aveu d'impuissance, était à l'inverse une exhortation à élaborer un programme de recherche.

Bien sûr, l'honnêteté de celui qui affirme ne pas savoir est un élément essentiel, sans lequel il ne serait que trop facile d'esquiver par mauvaise foi les « vérités qui dérangent ». Il reste qu'il est fort dommage que la position sceptique consistant à faire face à l'ignorance plutôt qu'à la dissimuler sous la première théorie qui se présente soit si souvent confondue avec de la malhonnêteté ou de l'incompétence. Puissent les climatomanciens remplis de leurs certitudes tirer parti de ce dialogue rapporté par Platon entre un simple esclave et un philosophe.

RÉFÉRENCES BIBLIOGRAPHIQUES

Le propos de Grinevald est tiré de son ouvrage *La Biosphère de l'Anthropocène*, Georg Éditeur, 2007.

La citation de Darwin est donnée dans un ouvrage de Dominique Lecourt, *L'Amérique entre la Bible et Darwin*, Presses universitaires de France,

2e édition, 2007, ouvrage dans lequel sont aussi exposées les origines de la controverse aux États-Unis entre évolutionnistes et créationnistes. Cet ouvrage revient aussi sur le point de vue de Popper à propos de la théorie de l'évolution.

Les livres « sérieux » sur les pseudosciences sont plutôt rares (je n'en connais pas sur la parapsychologie, pour laquelle j'ai dû utiliser un ouvrage dont le prosélytisme avance masqué, et que je préfère ne pas citer pour cette raison). Pour l'alchimie, retenons l'ouvrage de Serge Hutin dont j'ai cité un passage : *Histoire de l'alchimie*, Gérard & C°, 1971. On trouve aussi évoquée l'alchimie dans l'*Histoire de la chimie* de Bernard Vidal, Presses universitaires de France, 1998. Pour l'astrologie, on consultera avec profit l'étonnant ouvrage de David Berlinski, *La Tentation de l'astrologie*, Seuil, 2006, qui contient d'ailleurs – est-ce un hasard ? – une brève allusion au réchauffement climatique. Sur la phrénologie, citons Georges Lantéri-Laura, *Histoire de la phrénologie*, Presses universitaires de France, 1970. Sur les médecines parallèles, mentionnons *Histoires parallèles de la médecine* par Thomas Sandoz, Seuil, 2005. Sur la numérologie pythagoricienne, on peut consulter *Pythagore et les pythagoriciens*, de Jean-François Mattéi, Presses universitaires de France, 1996. L'ouvrage de Jamblique sur Pythagore s'intitule *Vie de Pythagore*, Les Belles Lettres, 1996. Enfin, pour un survol de diverses pseudosciences, citons les actes du Colloque de La Villette des 24-25 février 1993, *La Pensée scientifique et les Parasciences*, Albin Michel/ Cité des sciences et de l'industrie, 1993.

Une synthèse de quelques critères épistémologiques classiques pour reconnaître une pseudoscience se trouve sur le site internet de l'université de Stanford, à l'adresse http://plato.stanford.edu/entries/pseudo-science/

Un survol intéressant de l'avis de quelques grands philosophes sur la question des pseudosciences a été publié sur internet par un professeur de philosophie, Hubert Carron, à l'adresse http://www.philoplus.com/spip.php?article24

J'ai trouvé la plupart des « diagnostics climatiques personnalisés » à partir de la liste de John Brignell dont il a déjà été question au chapitre 4, ainsi que grâce à un article paru sur le site internet sceptique de référence World Climate Report. La corrélation du nombre de suicides en Italie avec le réchauffement climatique est paru dans Antonio Preti *et al.*, « Global Warming Possibly Linked to an Enhanced Risk of Suicide : Data from Italy, 1974-2003 » (*Journal of Affective Disorders*, 102, p. 19-25, 2007). Les autres « diagnostics » ont été publiés dans des journaux et peuvent être consultés aux adresses internet suivantes :

sur la criminalité et le réchauffement climatique :
http://www.abc.net.au/news/newsitems/200611/s1779067.htm
sur les liens entre réchauffement et mode vestimentaire :
http://www.nytimes.com/2007/09/29/fashion/shows/29DIARY.html?fta=y
sur la surmortalité des légionnaires britanniques :
http://www.telegraph.co.uk/earth/earthnews/3351921/Climate-change-could-lead-to-a-surge-in-Legionnaires%27-disease.html
sur la prostitution comme conséquence des changements climatiques :
http://www.ipsnews.net/news.asp?idnews=49360

Une présentation à la fois générale, accessible et précise sur le critère de Popper, les paradigmes de Kuhn ou encore les programmes de recherche de Lakatos est celle d'Alan Chalmers dans *Qu'est-ce que la science ?*, La Découverte, 1987. Quelques-unes des idées de Popper ont été rassemblées dans *La Connaissance objective*, Flammarion, 1998. Toujours du côté de la science, il convient ici de mentionner les ouvrages de Gabriel Gohau, *Une histoire de la géologie*, Seuil, 1990 et de James Gleick, *La Théorie du chaos*, Flammarion, 1991, ainsi que, bien sûr, l'œuvre maîtresse de Claude Bernard, l'*Introduction à l'étude de la médecine expérimentale*, Flammarion, 1984. D'une certaine manière, cette œuvre est un couronnement du *Discours de la méthode* de René Descartes, discours qui se conclut par une exhortation à un développement de la science pratique, notamment médicale, et dans lequel se trouve également, dans la sixième partie, le fameux passage : « il est possible de parvenir à des connaissances qui soient fort utiles à la vie [...] nous les pourrions employer en même façon à tous les usages auxquels ils sont propres, et ainsi nous rendre comme maîtres et possesseurs de la nature ».

La phrase de Michel Serres est extraite de son ouvrage intitulé *Le Contrat naturel*, François Bourin, 1990.

L'article de Richard Lindzen sur la peur comme moteur de la recherche scientifique actuelle est disponible en version française sur le site internet Pensée Unique, à l'adresse http://www.pensee-unique.fr/lindzen.html

Le texte de David Evans, intéressant et instructif bien qu'adoptant une position instrumentaliste un rien naïve, se trouve sur le site internet du Groupe Lavoisier, à l'adresse http://www.lavoisier.com.au/articles/climate-policy/science-and-policy/DEvans2007.pdf

Une traduction française est disponible sur le site Skyfal : http://skyfal.free.fr/?m=20080916

Le texte de Spencer Weart, « Les questions simples n'appellent pas toujours des réponses simples », est paru sur le site internet RealClimate : http://

www.realclimate.org/index.php/archives/2008/09/simple-question-simple-answer-no/langswitch_lang/fr

L'article de Jeff Poling intitulé « Global Warming Can Cause Global Cooling » peut être consulté sur internet à l'adresse http://www.dinosauria.com/jdp/news/freeze.html

L'annonce de Lewis Pugh peut se lire à l'adresse internet suivante : http://timesofindia.indiatimes.com/Earth/Global_Warming/Lewis_Gordon_Pugh_on_melting_North_Pole_trail/articleshow/3240089.cms

Le communiqué du NSIDC du 16 septembre 2008 sur l'état de la banquise arctique se trouve sur son site internet officiel : http://nsidc.org/arcticseaicenews/2008/091608.html

La citation de Socrate est extraite du *Ménon* de Platon (84a-c), dont j'ai utilisé la traduction de Monique Canto-Sperber, Flammarion, 1993, 2e édition.

ÉPILOGUE

Panthéon sceptique

> Je ne suis pas si convaincu
> de notre ignorance par les choses qui sont,
> et dont la raison nous est inconnue,
> que par celles qui ne sont point,
> et dont nous trouvons la raison.
>
> Bernard Fontenelle, *Histoire des oracles*, 1687

L'une des critiques qui sera peut-être adressée à ce livre est son contenu très lacunaire. La calibration des températures, le cycle de l'eau, les hypothèses de « rétroaction positive » dans les modèles climatiques, ou encore la formation des nuages, sont autant de questions cruciales qui font actuellement l'objet d'intenses débats. Songeons que l'on ignore encore à peu près tout de la manière dont le gaz carbonique se répartit à la surface de la Terre[1] ! Plutôt que de tenter une somme définitive sur un sujet de toute façon en perpétuelle agitation, il m'a semblé plus utile de me concentrer sur quelques points précis et représentatifs.

Une autre critique, très fréquemment opposée à certains sceptiques, portera sans doute sur le fait que je ne suis pas climatologue. Du point de vue scientifique bien sûr, un tel argument n'est pas

1. Les résultats préliminaires des premières observations sur le sujet, réalisées par le satellite japonais GOSAT, ont été annoncés en septembre 2009 ; ceux-ci sont loin de montrer une corrélation franche entre activités humaines et teneur en gaz carbonique, toutefois il convient de rester très prudent, beaucoup de travail restant à faire pour traiter et analyser les données.

recevable, car la science ne fonctionne pas sur titres. Si les carbocentristes ont bien entendu le droit d'exister en tant que communauté rassemblée autour d'une hypothèse, cette communauté ne peut prétendre à la scientificité si elle choisit de s'autoriser à ignorer l'avis de contradicteurs pour des motifs qui relèvent d'autre chose que de la seule science.

En l'espèce, puisque les carbocentristes affirment l'existence d'un consensus parmi les scientifiques, ils doivent être à même d'emporter l'adhésion non seulement du grand public ou des décideurs, mais également des spécialistes des disciplines connexes. « La science est une et indivisible », et les mathématiques en font partie. Loin d'éloigner du débat sur le carbocentrisme, elles en constituent un point d'appui essentiel. Cela n'a d'ailleurs rien d'étonnant car, pour ce qui est des prévisions météorologiques ou climatiques, les mathématiciens sont chez eux depuis l'Antiquité. Dès la Grèce ancienne, en effet, c'est l'astronomie mathématique qui permet de décrire avec précision des phénomènes comme le retour des saisons. Le plus grand traité antique de description du ciel, celui de Ptolémée, porte le titre de *Grande Syntaxe mathématique*. Plus près de nous, au milieu du XXe siècle, c'est bien à un mathématicien, Milutin Milankovitch, que nous devons la théorie aujourd'hui la mieux à même de décrire le retour des périodes glaciaires *(voir chapitre 5)*. Plus près de nous encore, les origines de la « théorie du chaos » ont mêlé les modèles climatiques d'Edward Lorenz aux mathématiques d'Henri Poincaré, de Steven Smale et d'autres. Et l'on se doit enfin, bien sûr, d'évoquer les nombreux outils statistiques utilisés en permanence par les climatologues pour l'analyse de leurs données.

« Que les sceptiques publient dans les revues scientifiques ! clament souvent leurs opposants. Si les sceptiques ont véritablement les preuves qu'ils avancent, les revues les plus prestigieuses ne manqueront pas de les faire paraître ! » Dans bien des circonstances, un tel argument est tout à fait légitime et suffit à démystifier les « prodigieux résultats » fièrement affichés par les pseudosciences qui, malgré leurs efforts, ne parviennent jamais à produire une expérience probante acceptable selon les normes scientifiques courantes. En l'occurrence pourtant, cet argument ne porte pas, et pour plusieurs raisons, la première d'entre elles étant que sa prémisse majeure est fausse : des articles scientifiques soutenant les positions sceptiques paraissent régulièrement, et dans des revues des plus respectables. Si seuls quelques exemples ont été mentionnés dans les pages qui précèdent, il aurait été facile de les multiplier, ne serait-ce qu'en piochant parmi une liste de 450 articles sceptiques recensés sur le site internet Popular Technology, articles publiés dans 135 revues reconnues différentes. Si ce point, bien entendu capital, est insuffisant pour créer les conditions d'un vrai débat scientifique, c'est que pour influer sur le débat il ne suffit pas de publier un article dans une revue scientifique : il faut ensuite que cet article rencontre un écho. Or cet écho ne se décrète pas : il dépend de facteurs divers, l'un d'eux étant tout simplement l'air du temps. Beaucoup de monde au début du XXe siècle avait entendu parler des observations confirmant l'existence des canaux de Mars, bien peu en revanche savaient qu'elles étaient loin de mettre d'accord l'ensemble des spécialistes.

Certains expliquent aujourd'hui que, puisque tout scientifique rêve de devenir célèbre en bousculant les théories dominantes, invalider le carbocentrisme serait un bon moyen d'y parvenir. Le fait que personne ne réussisse à démontrer la fausseté du carbocentrisme serait un signe fort de la validité de celui-ci. En réalité, cet argument n'est pas recevable : même si Andersen a fait le point sur la question, il se trouve généralement peu de monde pour endosser le rôle de l'enfant qui clame que le roi est nu. S'agissant du carbocentrisme, qui a acquis dans le débat public une évidente dimension morale, la chose est encore plus manifeste. Qu'il nous suffise de mentionner deux exemples. Le premier est un article paru dans *Nature* en 2008. Signé de Noel Keenlyside *et al.*, cet article appuie très sérieusement le point de vue océaniste en affirmant que l'état actuel de l'oscillation atlantique multidécennale va refroidir l'Atlantique ces dix prochaines années, provoquant un léger refroidissement de l'Amérique et de l'Europe. Un passage d'une interview accordée par Keenlyside est édifiant sur l'état d'esprit qui anime les auteurs : « Nous avons beaucoup réfléchi à la manière de présenter [notre résultat], parce que nous ne voulons pas qu'il soit interprété d'une mauvaise manière [...] J'espère que [cet article] ne servira pas d'argument à Exxon Mobile et autres sceptiques[1]. »

Le second exemple est donné par Garth Paltridge, coauteur d'une étude montrant que l'humidité de la moyenne et haute troposphère dans les régions tropicales a, selon les observations, diminué, contrairement à ce que prévoient les modèles. L'étude ne conclut pas à la fausseté des modèles, mais plutôt à la nécessité de tirer l'affaire au clair, la possibilité étant réelle que les mesures soient entachées d'erreurs. Paltridge rapporte que, devant une audience de spécialistes à qui il résumait les résultats qu'il avait obtenus, se trouva toute une partie de scientifiques pour soutenir qu'ils ne devaient pas être publiés, au motif que des gens mal intentionnés risqueraient d'en faire mauvais usage.

Pourquoi des scientifiques se montrent-ils donc si empressés de faire étalage de « bonne moralité climatique » ? Cette question rejoint celle, plus générale, de comprendre comment ce qui n'était qu'une simple hypothèse scientifique d'une discipline relativement isolée a pu acquérir une telle place dans notre société. Il est probable que seul le temps permettra d'y répondre. Je n'accorde aucun crédit à l'idée que le carbocentrisme aurait été monté de toutes pièces pour de basses questions mercantiles ou politiciennes, ni même à celle selon laquelle il ne se maintiendrait sur le devant de la scène que parce qu'il satisferait les intérêts de tel ou tel groupe. Si, certes, bien des promoteurs de l'alarmisme climatique profitent à un niveau ou à un autre de la situation, je tiens pour acquis que l'explication profonde de cet incroyable succès est à chercher d'abord dans la part la plus irrationnelle de l'être humain[2].

---

1. *We thought a lot about the way to present this because we don't want it to be turned around in the wrong way [...] I hope it doesn't become a message of Exxon Mobile and other skeptics.*

2. Divers sceptiques, comme Michael Crichton ou John Brignell, soutiennent que nous avons affaire à l'émergence d'une nouvelle religion.

Des partisans de la Terre plate ?

Beaucoup de sceptiques du climat aiment à rapprocher leur combat de celui de Galilée ou de Darwin, ces scientifiques aujourd'hui prestigieux qui furent en butte à l'opposition, voire à l'hostilité, de la presque totalité de leurs contemporains pour avoir proposé des théories qui n'étaient pas dans l'air du temps. Bien que tentant, ce rapprochement me semble un contresens.

Son premier défaut est son caractère hautement immodeste. Quand Galilée apporte des preuves décisives de ce que la Terre tourne autour du Soleil et non l'inverse, il ne fait pas que s'opposer à telle méthodologie défectueuse ou telle interprétation abusive des phénomènes : c'est toute une manière de voir le monde, enracinée depuis des millénaires, qui est mise à terre. Même à son apogée, le prestige du carbocentrisme n'a jamais été au niveau de celui des théories géocentriques antérieures à Copernic : récent, le carbocentrisme a eu des opposants depuis ses origines ; il est incomparablement plus facile à un scientifique d'aujourd'hui de soutenir le scepticisme climatique qu'il ne l'était à un scientifique du XVIe siècle de faire tourner la Terre autour du Soleil.

Surtout, du point de vue épistémologique, le positionnement des sceptiques du climat est inverse de celui de Galilée ou Darwin. Ces derniers n'étaient pas des sceptiques à proprement parler : ils promouvaient quelque chose de nouveau, tandis qu'un sceptique, à l'inverse, s'y oppose. Ce n'est donc pas sans pertinence que des carbocentristes ont pu qualifier les sceptiques de « partisans de la Terre plate », car du point de vue épistémologique la configuration est bel et bien celle-là. Bien sûr, puisque l'on peut tirer de l'Histoire les exemples que l'on veut, l'on peut tout autant rapprocher les sceptiques du climat de ces épisodes qui ont fait l'honneur du scepticisme en général. Pour moi, les opposants au carbocentrisme rejoindront dans l'histoire des sciences des personnalités comme Eugène Antoniadi, qui a réfuté les fantasques observations de canaux martiens. Ils rejoindront encore Robert Wood, qui démolit avec humour les étranges affirmations du respectable professeur René Blondlot lequel, au début du XXe siècle, collabora avec plusieurs dizaines de personnes sur la base de ses observations de prétendus « rayons N ». Ils rejoindront, enfin, Nicolai Vavilov qui, dans l'Union soviétique stalinienne, s'opposa aux absurdes théories de Trofim Lyssenko sur l'hérédité biologique, ce qui lui valut d'être déporté en 1940 et de mourir en détention. Ces noms sont bien sûr moins célèbres que ceux de Darwin ou de Galilée, car l'histoire des sciences fait plus de place aux bâtisseurs qu'aux démolisseurs. Ces sceptiques n'en méritent pas moins que l'on se souvienne d'eux, car démolir est parfois nécessaire pour ensuite bâtir sur des fondations plus solides.

Je me hâte de préciser que je ne crois nullement que le présent ouvrage me hissera à ce panthéon des sceptiques, à la fois parce qu'il est beaucoup de sceptiques du climat bien plus éminents et parce que, contrairement à ce que penseront peut-être ceux qui découvrent le scepticisme climatique par son intermédiaire, ce livre arrive extrêmement tard dans la bataille. Il est bien moins méritoire de s'afficher sceptique du climat en 2010, près d'une décennie après que la température globale a cessé de monter, qu'il l'était au lendemain de l'été caniculaire de 2003 en France[1]. De plus, si du point de vue scientifique le carbocentrisme ressemble de plus en plus à un cadavre qui marche, il semble en aller de même du point de vue du débat public. Les sondages d'opinion aux États-Unis en sont une manifestation éloquente[2], mais le signe le plus net me semble que, pour continuer

1. L'essentiel de cet ouvrage a été écrit entre mars 2008 et juin 2009 ; les dernières mises à jour ont été faites le 8 décembre 2009.

2. Voici le résultat de sondages effectués aux États-Unis sur la question :

– Sondage Rasmussen, avril 2009 : l'évolution du climat est causée par l'homme pour 34 % des sondés (contre 47 % en avril 2008), par la nature pour 48 % (contre 34 % en avril 2008).

– Sondage Bloomberg, 10-14 septembre 2009 : « Parmi la liste suivante, quel problème considérez-vous comme le plus important pour le pays aujourd'hui ? » L'économie : 46 % ; le système de santé : 23 % ; le déficit du budget fédéral : 16 % ; les guerres en Irak et en Afghanistan : 10 % ; le changement climatique : 2 % (autre : 1 % ; incertains : 2 %).

à exister, l'alarmisme climatique est actuellement contraint d'aller toujours plus loin dans l'excès. Ainsi, le «rapport Stern» de 2006 commandité par le gouvernement britannique a annoncé que le réchauffement climatique aurait, à terme, un coût représentant jusqu'à 20 % du produit intérieur brut mondial. En 2007, le conseil consultatif allemand sur le changement climatique a produit un rapport qui a fait évoquer à certains journalistes l'éventualité d'une future « guerre mondiale du climat». En juin 2009, le Forum humanitaire mondial a publié un rapport selon lequel, de nos jours, trois cent mille morts annuels seraient à déplorer en raison du réchauffement climatique. Une telle démesure suggère que, pour maintenir l'attention publique en éveil, l'alarmisme climatique a déjà vidé beaucoup de ses cartouches. Son chargeur est sans doute presque vide.

La question la plus importante me semble donc désormais moins de savoir si le carbocentrisme finira par s'effondrer, ni même de déterminer quand ou comment, mais bien plutôt par quoi il sera remplacé. Ce qui remplira les pages des journaux laissées vacantes par la disparition de la peur climatique sera-t-il ou non une nouvelle angoisse sans fondement habillée de science ? Autant que d'aider à en finir avec le carbocentrisme, le rôle des sceptiques du climat pourrait être dès à présent d'entamer le nécessaire travail de réflexion sur cette part de notre avenir.

Références bibliographiques

«La science est une et indivisible» est une phrase tirée de l'ouvrage de Lucien Rudaux et Gérard de Vaucouleurs, *Astronomie - Les Astres, l'Univers*, Larousse, 1948.

– Sondage du Pew Research Center, octobre 2009 : l'augmentation de la température est le résultat des activités humaines pour 36 % des sondés (contre 47 % en avril 2006, avril 2007 et avril 2008) ; le problème du réchauffement est «très sérieux» pour 35 % (contre 43 % en avril 2006, 45 % en avril 2007 et 44 % en avril 2008), n'est «pas un problème» pour 17 % (contre 9 % en avril 2006, 8 % en avril 2007 et 11 % en avril 2008).

La liste de 450 articles scientifiques sceptiques publiés se trouve à l'adresse http://www.populartechnology.net/2009/10/peer-reviewed-papers-supporting.html

Garth Paltridge a lui-même exposé sa mésaventure sur le site internet Climate Audit, à l'adresse http://www.climateaudit.org/?p=5416#more-5416

Son étude a par ailleurs été publiée dans *Theoretical and Applied Climatology*.

Les idées de John Brignell sur le réchauffement climatique comme religion sont exposées dans un texte publié sur son site internet, Number Watch (http://www.numberwatch.co.uk/religion.htm). Une traduction française a été publiée sur le site Skyfal (http://skyfal.free.fr/?p=240).

Sur l'histoire des rayons N ainsi que sur l'affaire Lyssenko, citons l'étude magistrale de Jean Rostand, *Science fausse et fausses sciences*, Gallimard, 1958, écrite à une époque où les braises de la controverse sur Lyssenko étaient encore brûlantes. Sur l'affaire Lyssenko, que bien des sceptiques ont rapprochée de l'affaire du réchauffement climatique, rappelons aussi l'ouvrage classique de Dominique Lecourt, *Lyssenko*, François Maspero, 1976.

Les détails du sondage Rasmussen sont disponibles sur internet à l'adresse http://www.rasmussenreports.com/public_content/politics/environment/energy_update

Pour ceux de Bloomberg et du Pew Research Center: http://www.pollingreport.com/enviro.htm

Table

RÉALISATION : PAO ÉDITIONS DU SEUIL
IMPRESSION : CORLET IMPRIMEUR S.A. À CONDÉ-SUR-NOIREAU
DÉPÔT LÉGAL : FÉVRIER 2010. N° 101132-2 (129055)
IMPRIMÉ EN FRANCE